乌兹别克斯坦鲁班工坊
Uzbekistan Luban Workshop

软件开发技能综合实训
（中英双语）

主　编　王　皓　　杜向然
副主编　金柳柳　　朱俐俐　　郭立娜
　　　　李　强　　石　琳
参编者　郝雪洁　　王双双　　王　鹏
主　审　宋梦华

北京交通大学出版社
·北京·

内容简介

本书为中英双语国际化教材，供乌兹别克斯坦物流专业鲁班工坊外籍学生学习使用。

本书以技能培养为主，提高专业技能；以岗位为载体，融知识技能为一体；以"数字化电子商务系统"为项目案例，详细介绍了软件开发的过程以及相应的技术要求。项目内容主要包括电商项目分析与设计、电子商务系统前端开发、电子商务系统服务器端开发。本书将知识和技能学习融入实训项目，以项目开发场景贯穿所有专业技能和知识；前端开发主要涉及 html、CSS、JavaScript 等技术；服务器端开发主要是使用主流的 Java EE 企业级框架 SSM 实现电子商务平台常见的功能。

本书注重项目开发流程设计、项目开发实践和项目开发代码管理，模拟真实项目开发过程和操作，使学习者熟悉软件项目开发的基本流程、掌握软件开发的主要技术，以及相关技术的使用要点和难点，培养读者的项目开发实践能力。

本书可供信息工程、软件技术专业类的学生使用，也可用作软件开发工具书，或供企业员工培训使用。

图书在版编目（CIP）数据

软件开发技能综合实训：汉、英/王皓，杜向然主编. — 北京：北京交通大学出版社，2025.3

ISBN 978-7-5121-5116-1

Ⅰ. ① 软… Ⅱ. ① 王… ② 杜… Ⅲ. ① 软件开发-高等职业教育-教材-汉、英 Ⅳ. ① TP311.52

中国国家版本馆 CIP 数据核字（2023）第 225995 号

软件开发技能综合实训
RUANJIAN KAIFA JINENG ZONGHE SHIXUN

责任编辑：李运文
出版发行：北京交通大学出版社　　电话：010-51686414　　http://www.bjtup.com.cn
地　　址：北京市海淀区高梁桥斜街 44 号　　邮编：100044
印 刷 者：北京时代华都印刷有限公司
经　　销：全国新华书店
开　　本：185 mm×260 mm　　印张：29　　字数：730 千字
版 印 次：2025 年 3 月第 1 版　　2025 年 3 月第 1 次印刷
定　　价：98.80 元

本书如有质量问题，请向北京交通大学出版社质监组反映。对您的意见和批评，我们表示欢迎和感谢。
投诉电话：010-51686043，51686008；传真：010-62225406；E-mail：press@bjtu.edu.cn。

前　言

　　"软件开发技能综合实训"是计算机软件技术专业的一门综合性和实践性很强的专业技能课程。本书是该课程的配套教材，是乌兹别克斯坦鲁班工坊项目信息技术实训实践教学用书。

　　本书内容是基于 SSM 框架实现的一个 B2C 生活消费类电子商务平台——"乐鲜生活"。该电子商务平台为消费者提供线上浏览、购物、下单和支付等功能。本书通过展示平台开发的全过程，让读者了解软件开发的基本逻辑，熟悉相关主流开发工具的使用及其特点，掌握企业级框架开发的基本流程与方法。在使用本书的过程中，建议读者能够结合上机实践，动手编写项目代码，也可以参考课程资源下载项目源代码进行测试和运行。

　　本书的编写基于 JS、MySQL 和 SSM 框架等相关知识，为方便读者学习，力求将一些非常复杂、难以理解的内容简单化、模块化，使读者能够轻松理解并快速掌握这些知识点，同时提供大量案例代码，供读者在实训中使用。本书共分 3 个项目，具体内容如下。

　　项目 1 主要讲解项目开发的前期准备工作，包括需求分析、项目架构设计、数据库设计和项目环境搭建等内容。

　　项目 2 主要讲解电商项目 Web 前端开发，包括商城首页设计与实现、商品详情页设计与实现、商品交易功能设计与实现以及个人中心页设计与实现等内容。

　　项目 3 主要讲解电商项目服务器端开发，包括网站系统后台权限管理、网站系统后台会员管理、网站系统后台商品管理、网站系统后台订单管理、网站系统用户信息管理、网站系统购物操作和网站系统商品显示等内容。

　　本书由天津海运职业学院信息工程系软件技术专业教师团队编写，凝聚了整个编写团队在软件开发技能综合实训项目中多年来的教学体会和经验。在此感谢全体参编人员在过去的一年中付出的辛勤劳动，同时衷心感谢所有关心、支持本书编写工作的领导、朋友、同事和我们的学生。

　　由于编者水平有限，书中难免会存在一些不足，殷切希望读者批评指正。

编　者

2023 年 11 月

目　　录 ▶▶▶▶

项目1

电商项目分析与设计

项目建设背景

本书以电子商务平台为开发目标，采用基于"网站订购—门店—取货"的购物模式。该电子商务平台为消费者提供统一的浏览、购物、下单、支付功能，以及服务器端的管理和维护功能。

本项目是面向互联网的 B2C 电子商务平台。在功能上，本项目具有较为完整的购物流程、商品管理、订单处理流程；为消费者提供 Web 使用方式，为商城管理人员提供相应的管理接口。在技术上，本项目涉及 Web 前端开发、Java 服务端开发以及服务器部署与配置技术。在工程上，提供了分析、设计、开发、测试、部署以及项目管理等方面的完整参考实现。

当一个开发项目被确立时，首先要做的就是需求分析、可行性分析，然后编写项目计划书，以使项目开发人员了解和掌握网站的前期策划和网站开发流程。

任务 1.1　需 求 分 析

教学任务

目标：了解需求分析的概念。

重点：理解需求分析的任务。

难点：制定需求分析说明书。

教学内容

■ 知识点 ■

子任务 1.1.1　需求分析的任务

需求分析的任务是要准确地定义新系统的目标，准确回答"系统必须做什么"的问题，并用规范的形式准确地表达用户的需求。需求分析是理解、分析和表达"系统必须做什么"的过程。

子任务 1.1.2　需求调研的步骤

要获取用户需求，就需要深入企业现场调研。需求调研的步骤如下。

① 调研用户领域的组织结构、岗位设置和职责定义，从功能上区分有多少个子系统，划分系统的大致范围，明确系统的目标。

② 调研每个子系统所需的工作流程、功能与处理规则，收集单据、报表和账本等原始资料，分析物流、资金流和信息流三者的关系，以及如何用数据流来表示这三者的关系。

③ 事先准备好要调研的内容，针对不同管理层次的用户询问不同的问题，列出问题清单。将操作层、管理层和决策层的需求既联系又区分开来，形成一个金字塔，使下层满足上层的需求。

④ 对与用户沟通的情况及时总结、归纳，整理调研结果，找出新的疑点，初步构成需求基线。

⑤ 若需求基线符合要求，则需求分析完毕；反之，返回到前面某一步。如此循环多次，直到需求分析使双方满意为止。

子任务 1.1.3　需求分析说明书

鉴于电子商务平台的复杂性，完整的系统需要分为 2 ~ 3 期逐步进行建设。本项目仅阐述电子商务平台项目第 1 期即电子商务的基本功能平台需求，主要包括以下两点。

（1）供消费者购物和下单的购物客户端。

（2）供商城运营人员进行后台管理的信息管理系统。

■ 业务术语 ■

● PC Web 端购物网站：提供使用 PC 浏览器进行商品浏览、搜索、购物、下单等操作的 Web 网站。

● 商城后端管理网站：为商城运营人员提供包括人员权限管理、商品目录管理、订单管理、订单统计等功能在内的管理系统。

■ 业务描述 ■

● 输入账号和密码，登录系统，进行各种业务操作。用户登录系统后进入首页，可以在此页面中进行修改密码和退出登录的操作，并且通过左侧菜单进入不同的页面。

● 权限管理仅针对后端管理网站的资源，不影响前端 Web 网站。

● 分页列表展示后台用户信息，超级管理员可以对后台用户进行新增、修改、关联角色、删除、重置密码和对用户进行禁用的操作。

● 查看角色信息中的添加功能，添加角色信息。在新增页面中添加用户信息并保存，然后可对后台用户信息进行关联角色、修改、删除、重置密码和禁用的操作。

● 分页列表展示角色信息，超级管理员可以对角色信息进行新增、修改、授权、删除、添加菜单的操作。

● 分页列表展示会员信息，超级管理员可以对会员信息进行查询、启用和禁用的操作。

● 检索前台系统用户所有订单，包括未付款订单、已付款订单、已发货订单、已完成订单。

电子商务平台的用户包括消费者和商城运营人员两大类。其中，商城运营人员又可细分为商品管理员、订单管理员、系统管理员。系统示例图如图 1.1 所示。

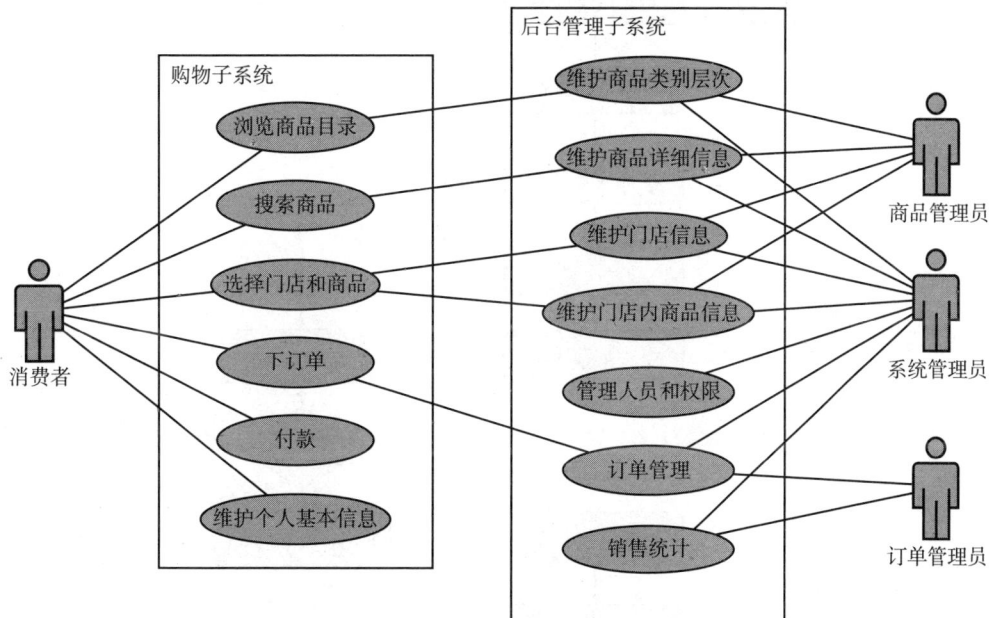

图 1.1   系统示例图

1. 消费者

- 浏览商品目录信息和商品详细信息。
- 检索商品信息。
- 将一个或多个商品加入购物车，选择取货门店。
- 生成订单并付款。
- 维护个人基本信息、订单信息、钱包信息。

2. 商品管理员

- 维护商品类别层次结构。
- 维护商品详细信息。
- 维护商品与门店的关联信息，包括价格、库存等。

3. 订单管理员

- 检索订单信息。
- 控制订单发货。

4. 系统管理员

- 上述商品管理员和订单管理员的全部功能。
- 后端运营人员的权限管理。

该系统的核心业务流程为：购物—下单—支付—发货—取货及结单。该流程从消费者在网站上浏览商品信息开始，核心业务流程图如图 1.2 所示。

消费者　　　　　　　订单管理员

```
┌────────┐      ┌──────────────┐
│  开始  │─────▶│  游览商品目录  │
└────────┘      └──────────────┘
                        │
                        ▼
                ┌──────────────┐
                │  选择待购商品  │
                └──────────────┘
                        │
                        ▼
                ┌──────────────┐
                │   选择门店    │
                └──────────────┘
                        │
                        ▼
                ┌──────────────┐              ┌──────────────┐
                │   创建订单    │─────────────▶│   审核订单    │◀──┐
                └──────────────┘              └──────────────┘   │
                        │                            │           │ 未付款
                        ▼                            ▼           │
                ┌──────────────┐              ┌──────────────┐   │
                │   订单支付    │─────────────▶│   是否付款    │───┘
                └──────────────┘              └──────────────┘
                                                    │ 已付款
                        ┌──────────────┐            ▼
                        │   接收订单    │◀────┌──────────────┐
                        └──────────────┘     │   订单发货    │
                                │            └──────────────┘
                                ▼
                        ┌──────────────┐
                        │   确认收货    │
                        └──────────────┘
                                │
                                ▼
                        ┌────────┐
                        │  结束  │
                        └────────┘
```

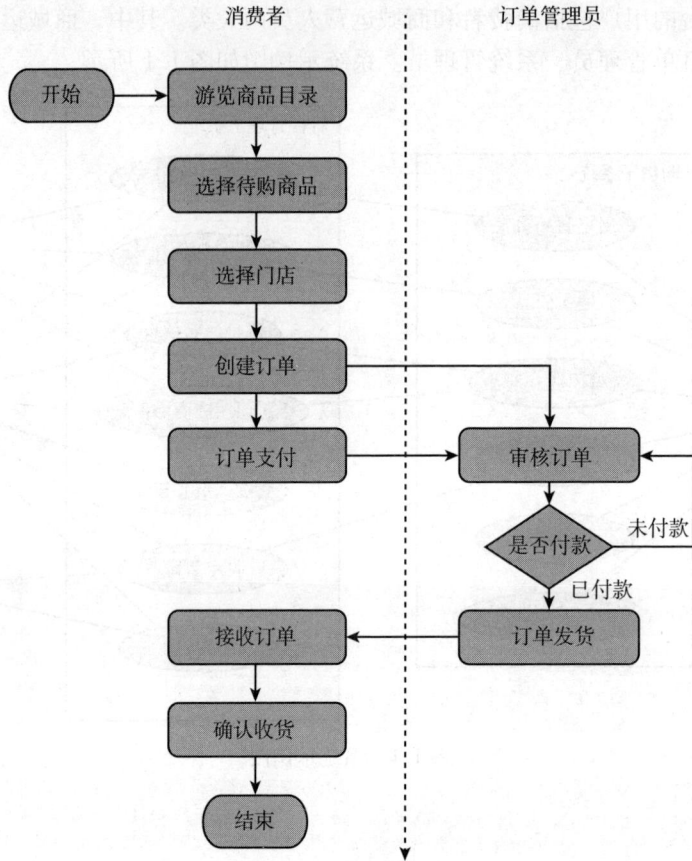

图 1.2　核心业务流程图

根据不同的角色及业务划分，电子商务平台划分为 PC Web 端购物网站和商城后端管理网站子系统。系统的拓扑结构图如图 1.3 所示。

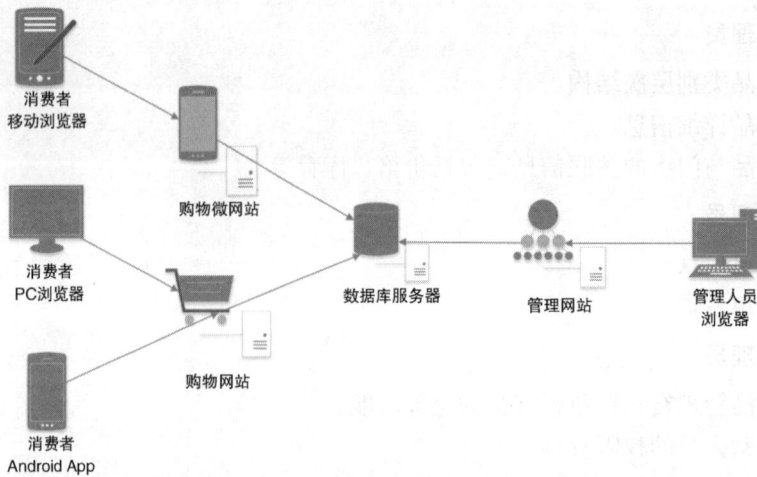

图 1.3　系统拓扑结构图

▶ 课后拓展

■ 功能需求与非功能需求 ■

PC Web 端购物网站主要供消费者使用。

1. 功能需求

1) *PC Web 端购物网站*

（1）商品目录浏览。

购物网站首页展示"明星商品"。这类商品根据商品的销售排行筛选而来。

（2）商品搜索。

消费者可以通过关键字进行搜索，搜索字段包括商品名称、商品简介并支持模糊匹配。搜索结果列表可以根据商品价格范围进行过滤，可以按照商品的销量或价格来排序，筛选和排序结果支持分页显示。

（3）查看商品详情。

商品详情向消费者展示商品的下列基本信息。

- 商品名称。
- 商品简介。
- 商品图片集（多张图片可切换显示）。
- 商品详细介绍（包含图文，也可以把多个图文放置在一张图片中显示）。

此外，还需要向消费者展示与门店相关的商品信息：商品价格范围。同一商品在不同门店中的价格可能不同，因此要列出商品在各个门店中的价格波动范围。

（4）选取商品加入购物车。

在将商品加入购物车之前，必须先选取门店。门店按照省（自治区、直辖市）、市、区县的层次级别进行选取，一个区县里面可能还包含若干个门店。选取了门店后，消费者将看到商品在该门店的价格以及是否"有货"。对于有货的商品，可以将其加入购物车。购物车中可以存放来自不同门店的若干商品。消费者可以通过购物车查看已选择的商品。购物车按照门店对商品进行分组显示；消费者可以调整每种商品的购买数量。

（5）生成订单。

消费者从购物车中选择商品以生成订单。同一个订单中的所有商品必须来自同一个取货门店；如果取货门店不同，则必须分别生成订单。

（6）订单支付。

订单生成后，消费者可以选择立即支付。目前该系统仅支持从钱包中支付订单款项。钱包支付的密码与消费者的登录密码相同。如果密码输入错误或钱包余额不足，则页面提示支付失败信息。

（7）历史订单查询。

消费者可以查询自己的历史订单列表（分页显示）以及每个订单的详情。

为了便于处理订单，单独列出待付款的订单列表以及待取货的订单列表。对于待付款的订单，消费者可以选择进入订单支付；对于待取货订单，消费者可以选择"确认收货"，以完成整个订单（结单）。

（8）用户基本信息管理。

消费者的基本信息包括：手机号、密码、性别、年龄、邮箱、个人头像等。其中，手机号将作为登录账号，一旦注册，不能修改。

2）商城后端管理网站

（1）权限管理。

① 权限管理仅针对后端管理网站的资源，不影响前端 Web 网站。后台系统采用典型的用户–角色结构：

- 系统预设系统管理员、商品管理员和订单管理员三种角色。系统管理员可以再酌情新增其他角色。
- 每种角色可以包含多个用户，一个用户只能属于一个角色。
- 系统管理员负责添加所有用户并与对应角色关联。
- 用户可以被冻结或解冻。冻结后的用户不能登录后台系统。

② 系统需要权限才能访问的资源包括：

- 所有页面和服务接口。后台网站包括数十个页面以及数十个服务接口，角色被授予访问这些页面和接口的权限后方能访问。
- 菜单列表。菜单是后台管理系统中用户可以看到的左侧树形导航结构。每个角色能够看到的菜单项是不同的；可以设置菜单对某个角色的可视性。

（2）会员管理。

系统管理员和订单管理员可以查看、搜索商城所有前端消费者的账号信息。查询结果可分页显示。

（3）商品管理。

电商平台维护商品的类别信息和基本属性信息。这部分功能包括：商品基本信息管理。商品基本信息包括：所属类别、商品编号、名称、简介、主图片（1 幅）、配图（允许多幅）、商品详情、是否激活。商品详情允许以多媒体图文形式展现。商品可以激活或冻结；未激活的商品将不能被前端购物网站检索到。

（4）订单管理。

① 订单包括 4 种状态。

- 待付款。消费者下单后，订单状态为"待付款"。
- 待发货。消费者支付订单款项后，订单状态为"待发货"。
- 已发货。对于已付款（"待发货"）的订单，订单管理员可以做"发货"处理，从而将订单状态设置为"已发货"。
- 已完成。消费者收到货物后，可以选择"完结订单"，以结束该次订单交易。

② 订单管理员可以执行下列操作。

- 检索符合相关条件的订单列表及订单详情，可以根据下单日期范围、订单编号来搜索。
- 检索所有未付款订单列表及详情。
- 检索所有已付款订单列表及详情，并执行"发货"操作。
- 检索所有已发货订单列表及详情。
- 检索所有已完成订单列表及详情。

2. 非功能需求

（1）性能。

前端购物系统（包括 Web 网站、微网站和移动 App）的并发访问量在 1 000 人左右，峰值并发数在 2 000 人左右。后端管理系统的并发访问量一般在数十人以内。

① 对于购物前端网站：

- 正常用户压力下，页面平均响应时间不超过 5 s，最长响应时间不超过 8 s。
- 峰值用户压力下，页面平均响应时间不超过 8 s，最长响应时间不超过 12 s。

② 对于后端管理网站：

- 页面平均响应时间不超过 3 s，最长响应时间不超过 5 s。

（2）兼容性。

所有网站均应兼容 IE 10、IE 11、Chrome、Edge 及 Firefox 浏览器。

（3）安全性。

- 所有用户的密码不得明文存放在数据库中。
- 用户登录应防范暴力破解。
- 客服网站防止 SQL 注入攻击、跨站脚本攻击。
- 特别重要的场景应采用手机短信验证码。

（4）易用性。

- 针对特殊操作，编写较为详细的使用说明手册。

❖ **作业**

1. 需求分析的任务是什么？
2. 需求调研的步骤是什么？
3. 绘制"乐鲜生活"电子商务平台的系统示例图。

任务 1.2　系 统 设 计

▶ **教学任务**

目标：了解项目开发的系统目标。

重点：掌握系统的流程图。

难点：理解系统的功能结构。

▶ **教学内容**

■ **知识点** ■

子任务 1.2.1　系统目标

根据需求分析以及与用户的沟通，该系统应达到以下目标。

- 页面设计友好、美观。
- 数据存储安全、可靠。
- 信息分类清晰、准确。
- 强大的查询功能，保证数据查询的灵活性。
- 操作简单易用、页面清晰大方。
- 系统安全、稳定。
- 占用资源少、对硬件要求低。
- 提供灵活、方便的权限设置功能，使整个系统的管理分工明确。

子任务 1.2.2　系统能力要求

在本项目的实训过程中，涉及多方面的能力训练，其能力拓扑图如图 1.4 所示。

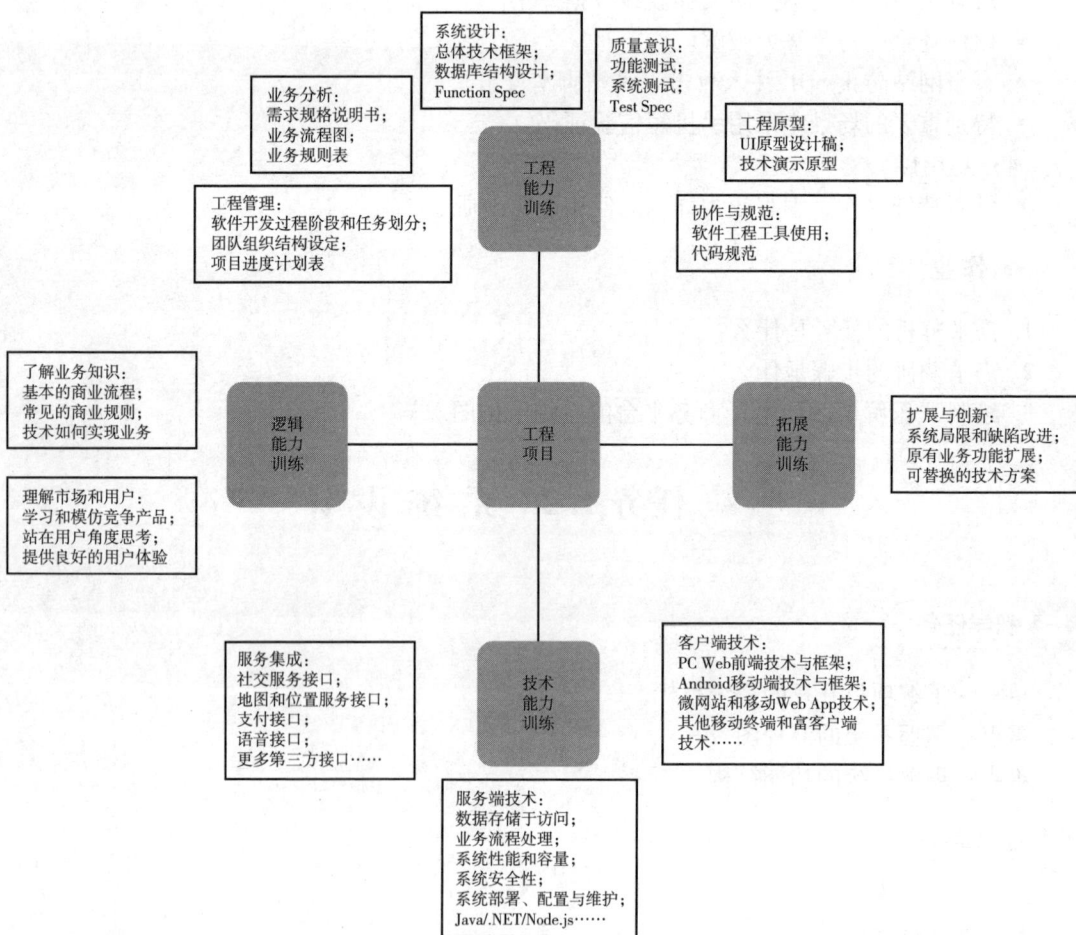

图 1.4　能力拓扑图

子任务 1.2.3　系统流程图

（1）该系统的核心业务流程为：购物—下单—支付—发货—取货。

① 前台会员在购物网站上浏览商品，发现想要购买的商品后，查看其详情。

② 在详情页面中可以把商品添加到购物车中，在购物车中可以进行结算购买。

③ 如果下单后没有结算，订单状态为未付款，可以在未付款状态的订单中查看，然后可以在未付款订单列表中继续进行结算。

④ 如果已经付款，则提交到商城后端管理网站，订单管理员会对已付款订单进行发货。

⑤ 前台会员可以在待取货订单列表中查看发货商品，在取到商品后确认收货，后台订单人员可以在已完成订单中查看订单信息。

该系统的主要流程如图 1.5 所示。

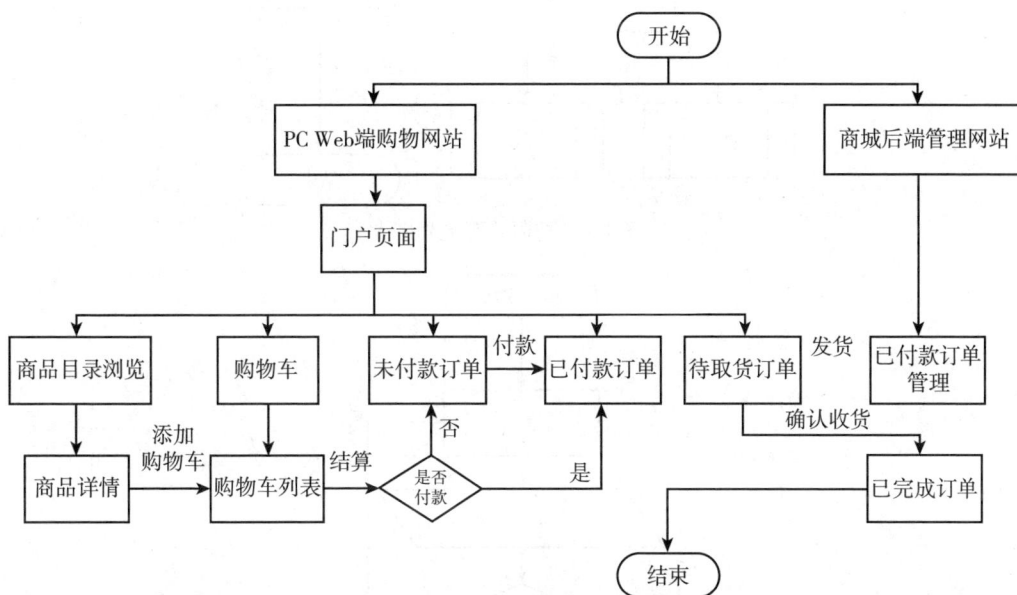

图 1.5　购物—发货流程图

（2）系统的权限管理业务流程为：首先添加角色，然后给角色授权和添加菜单；然后在添加后台用户的时候给用户添加对应的角色。主要流程如图 1.6 所示。

（3）用户登录时，用户输入的密码用特殊符号（●）代替明文密码；登录后，根据用户不同权限，展示相对应的左侧的一、二级功能菜单。系统登录流程图如图 1.7 所示。

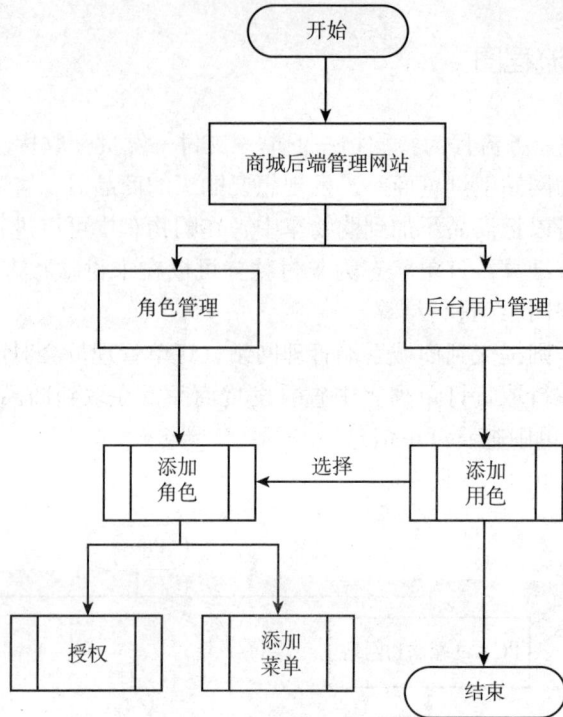

图 1.6　权限管理流程图

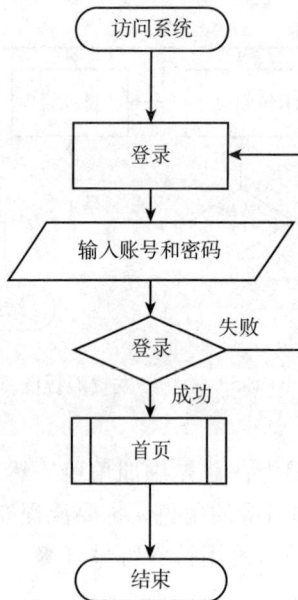

图 1.7　系统登录流程图

（4）进入系统后，可以看到系统首页流程图，如图 1.8 所示。

（5）查看权限。权限管理仅针对后端管理网站的资源，不影响前端 Web 网站。查看权限流程图如图 1.9 所示。

后台系统所采用的典型的用户-角色结构如下。

① 系统预设系统超级管理员的角色，系统超级管理员可以再酌情新增其他角色。

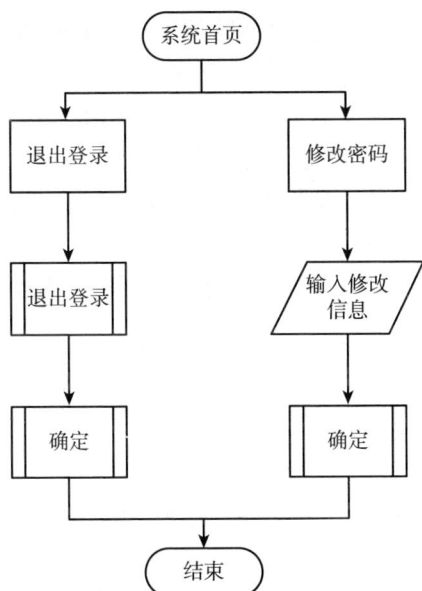

图 1.8　系统首页流程图　　　　　　　图 1.9　查看权限流程图

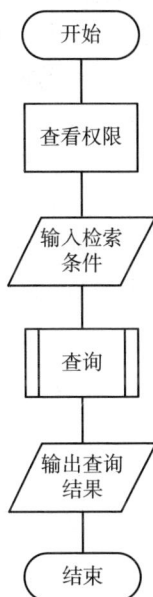

② 一个用户可以属于多个角色。

③ 系统管理员负责添加所有用户并与对应角色关联。

④ 用户可以被冻结或解冻。被冻结的用户不能登录后台系统，系统需要权限才能访问。

⑤ 角色被授予访问某些页面和接口的权限后方能访问。

⑥ 菜单列表。菜单列表是在后台管理系统中可以看到的左侧树形导航结构。每个角色能够看到的菜单项是不同的；可以设置每个菜单对某个角色的可视性。

（6）超级管理员可以查看系统中所有的菜单列表，如图 1.10 所示。

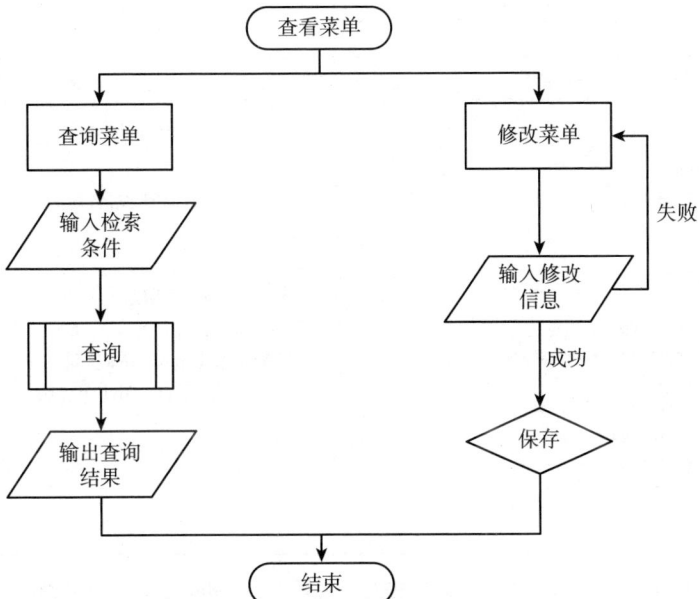

图 1.10　查看系统菜单流程图

（7）商品管理。

超级系统管理员可以维护"乐鲜生活"电商平台商品的类别信息和基本属性信息。这部分功能包括以下两方面。

① 商品基本信息新增和修改管理。商品基本信息包括：所属类别、商品编号、名称、简介、主图片（1幅）、配图（允许多幅）、商品详情、是否激活。商品详情允许以多媒体图文形式展现。商品可以激活或冻结；未激活的商品将不能被前端购物网站检索到。

② 提供针对类别和商品的搜索功能。

分页列表展示商品分类信息，超级管理员可以对分类信息进行新增、修改、删除、查询等操作。

子任务1.2.4 开发环境构建

1. 硬件

- 1台服务器：CPU双核以上、内存8GB以上、存储空间50GB以上。

2. 软件

- 服务器操作系统：64位 Window Server 2012 R2 Enterprise。
- Java开发包：JDK 1.8。
- 数据库管理软件：64位 MySQL 5.5。
- Java的网络服务器：Tomcat 9及以上。

子任务1.2.5 文件夹组织结构

在编写代码之前，可以把系统中可能用到的文件夹先创建出来（例如，创建一个名为Images的文件夹，用于保存系统中所使用的图片），这样不但可以方便以后的开发工作，也可以规范系统的整体架构。电子商务系统的文件架构如图1.11~图1.14所示。

LexianMall 工程代码结构图	含 义
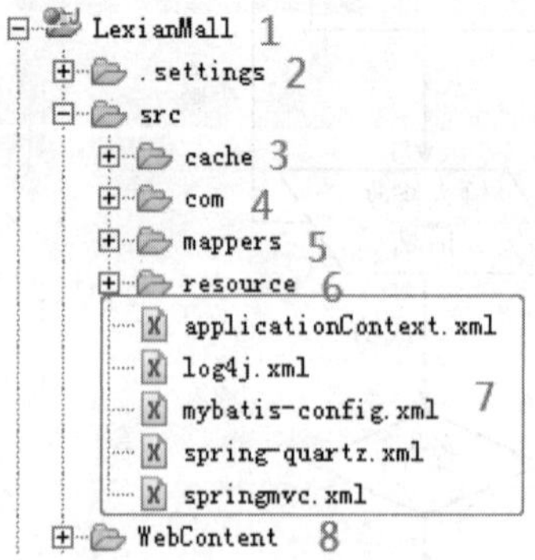	1. 电子商务平台门户网站名称。 2. 项目配置文件。 3. 缓存模块。 4. 系统业务逻辑代码模块。 5. 持久层 xml 文件。 6. 系统配置数据 properties 文件。 7. spring、log4j 日志、MyBatis、quartz 定时任务配置文件。 8. 前台 js、html 等文件

图1.11 系统模块与代码模块对应关系 LexianMall 工程代码结构图

LexianMall 业务逻辑代码模块结构图	含　义
	1. 广告管理模块。 2. 浏览记录模块。 3. 浏览记录常量类。 4. 浏览记录 Controller（控制层）。 5. 浏览记录（dao）层。 6. 浏览记录实体层。 7. 浏览记录业务逻辑层。 8. 商品分类模块。 9. 收藏品模块。 10. 商品模块。 11. 工具模块。 12. 订单模块。 13. 活动模块。 14. 门店模块。 15. 用户模块。 16. 获取验证码模块。 17. 余额模块。 18. 持久化 xml。 19. 系统配置数据（图片地址等）。 20. 数据库配置数据

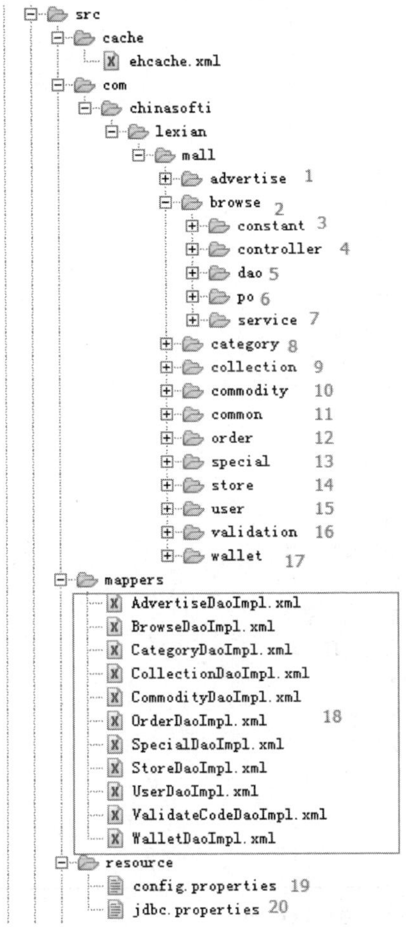

图 1.12　LexianMall 业务逻辑代码模块结构图

LexianManager 工程代码结构图	含　义
	1. 项目配置文件。 2. 缓存配置文件。 3. 系统业务逻辑代码模块。 4. 持久化 xml 文件。 5. 系统配置数据。 6. spring、log4j 日志、MyBatis 等配置文件。 7. 前台 js、html、css 等文件

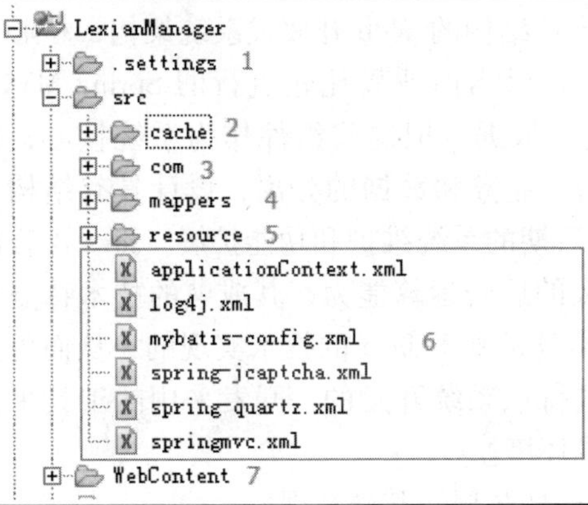

图 1.13　LexianManager 工程代码结构图

LexianManager 业务逻辑代码模块结构图

```
com
  chinasofti
    lexian
      manager
        advertise      1
        category       2
        commodity      3
          constant     4
          controller   5
          dao          6
          po           7
          service      8
          vo           9
        common         10
        management     11
        order          12
        privilege      13
        special        14
        statistics     15
        store          16
        systeminfo     17
        user           18
        version        19
mappers
  AdvertiseDaoImpl.xml
  CategoryDaoImpl.xml
  CommodityDaoImpl.xml
  ManagementDaoImpl.xml
  OrderDaoImpl.xml
  PrivilegeDaoImpl.xml         20
  SpecialDaoImpl.xml
  StatisticsDaoImpl.xml
  StoreDaoImpl.xml
  UserDaoImpl.xml
  VersionDaoImpl.xml
resource
  config.properties    21
  jdbc.properties       22
```

1. 广告管理模块。
2. 商品分类模块。
3. 商品模块。
4. 商品常量类。
5. 商品控制层。
6. 商品 dao 层。
7. 商品实体类。
8. 商品业务逻辑层。
9. 商品 dto 实体类。
10. 工具类。
11. 角色模块。
12. 订单模块。
13. 权限模块。
14. 活动模块。
15. 商品销售统计模块。
16. 门店模块。
17. 获取系统信息模块。
18. 前台会员管理模块。
19. app 模块。
20. 持久化 xml 文件。
21. 系统数据配置文件。
22. 数据库配置文件

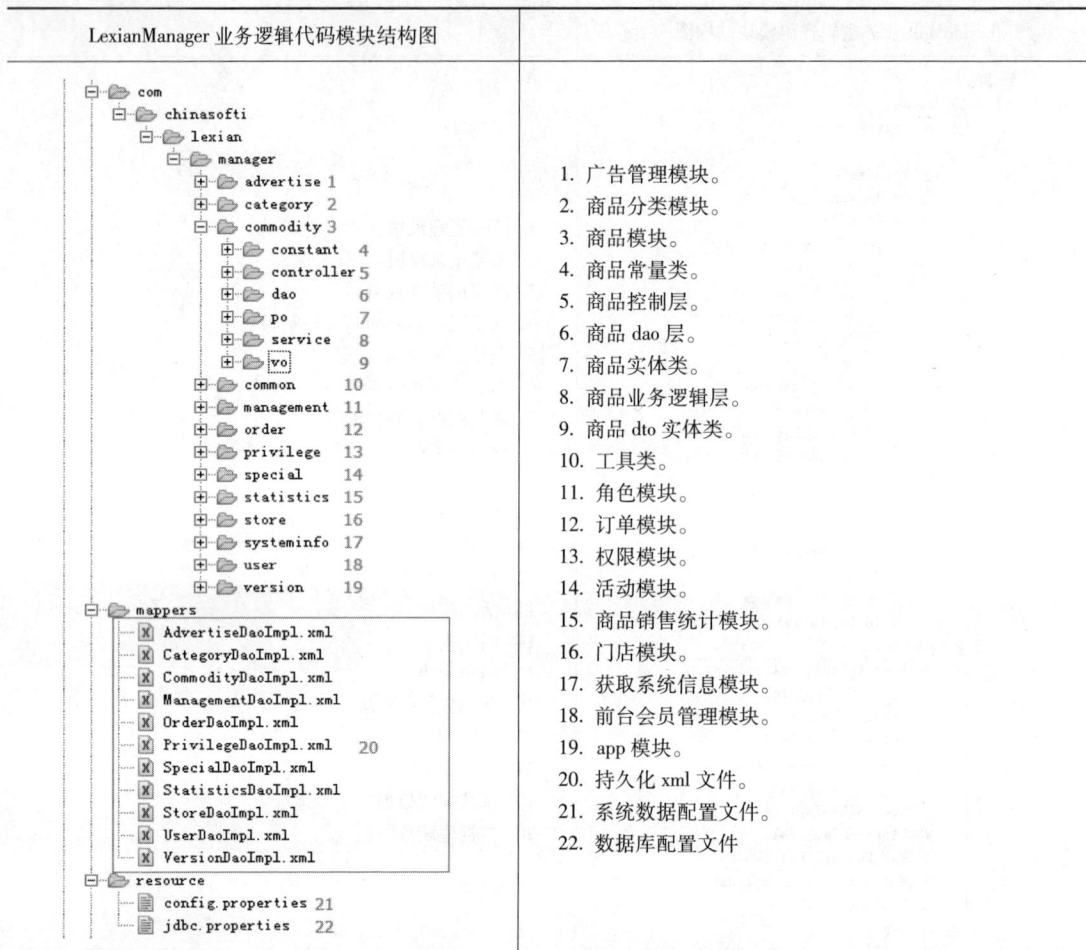

图 1.14　LexianManager 业务逻辑代码模块结构图

子任务 1.2.6　系统技术架构

1. 系统技术架构简述

该系统采用的技术架构基于 B/S（brower/server）结构的 Web 开放式系统架构，核心架构采用 MVC（model-view-controller）设计方法实现。以当前业界比较流行的 Spring MVC+Spring+Mybaits 等开源框架平台作为系统开发的规范依据，把这些组件作为系统核心，以Java 编程语言为基础，并按照业务特点进行了页面、业务和数据的分离，设计具有结构清晰、易用、通用和良好的延展性等特点，并且便于后期的系统维护和功能扩展。Java 语言的企业版（J2EE）拥有丰富的客户端实现技术和强大的后台运算能力，其成熟的技术特点可以保证应用的需要，并且因为 J2EE 技术体系框架本身是基于 Java 的技术实现的，从而可方便地实现跨平台部署及分布式部署，这是最适合进行该系统开发的。开发采用的工具平台eclipse、IEDA 为目前业界广泛使用的 Java 开发集成环境。

该软件分为表示层、控制层、业务逻辑层、数据持久层、基础数据库。

表示层提供工作页面，供用户录入和查询业务数据，进行初步的数据检验、反馈操作结果、上传和下载文档。

控制层采用目前流行的 Spring MVC 框架技术，实现表示层和业务逻辑层的关联及跳转。

业务逻辑层接受表示层的请求，具体处理业务数据。采用 Mybaits 框架调用数据持久层接口存储数据到基础数据库中。

数据库存储业务数据包括业务数据、系统管理数据和历史数据。

各层通过 Spring 框架技术进行整合统筹管理。

数据库采用 MySQL 作为基础数据的存储管理。

Web 容器中间件采用 Tomcat、Weblogic 或者 Websphere。

外部接口通过 Web service 技术实现数据交互。

系统技术架构如图 1.15 所示。

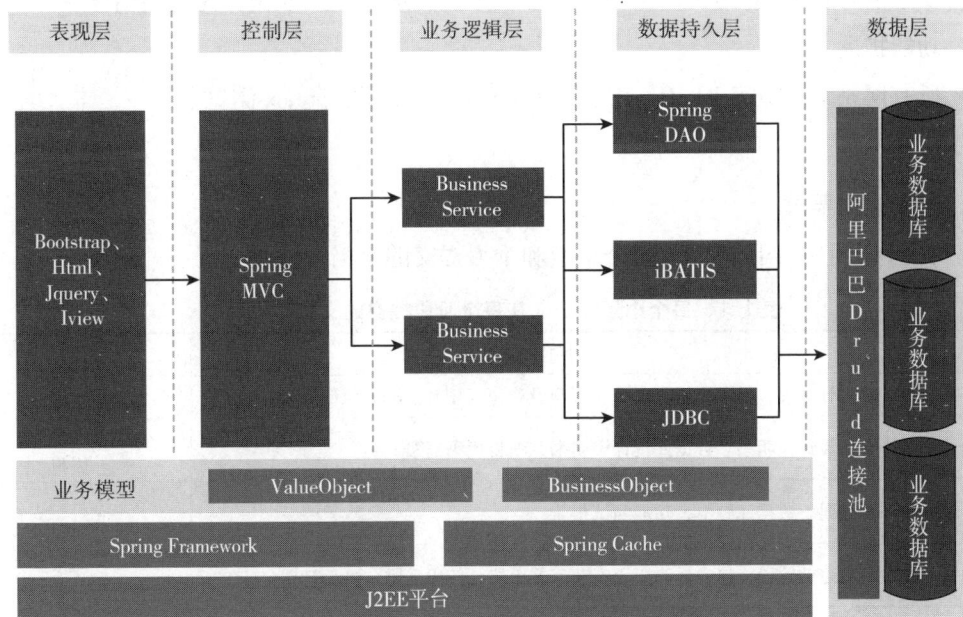

图 1.15 系统技术架构

2. 商城后端管理网站功能架构

整个系统包括以下组成部分。

（1）系统首页：修改密码、退出登录功能。

（2）权限管理：查看权限、查看菜单、查看后台用户、查看角色信息功能。

（3）会员管理：查看会员信息功能。

（4）商品管理：分类管理、商品信息管理功能。

（5）订单管理：订单列表、未付款订单、已付款订单、已发货订单、已完成订单功能。

3. PC Web 端购物网站功能架构

整个系统包括以下两部分。

（1）门户页面。具有商品目录浏览、登录、注册、购物车功能。

（2）个人中心。具有我的订单（代付款订单、待取货订单）、账户设置（个人信息、修改密码）功能。

❖ **课后拓展：项目扩展**

1. 技术扩展

前端购物系统（包括 Web 网站、微网站和移动 App）的并发访问量在 1 000 人左右，峰值并发量在 2 000 人左右。后端管理系统的并发访问量一般在数十人以内。

（1）对于购物前端网站：

- 正常用户压力下，页面平均响应时间不超过 5 s，最长响应时间不超过 8 s。
- 峰值用户压力下，页面平均响应时间不超过 8 s，最长响应时间不超过 12 s。

（2）对于后端管理网站：

- 要求能够在 1 GB 运行内存的智能手机上流畅运行，无卡顿，无明显白屏。

2. 功能扩展

- 所有网站均应兼容 IE 10、IE 11、Chrome、Edge 及 Firefox 浏览器。

❖ **作业**

1. 阶段提交要求

表 1.1 列出了每个阶段要求每个小组和个人提交的文档、代码。

表 1.1　每个小组和个人在每个阶段提交的文档、代码表

阶段名称	小组提交	个人提交
分析	项目计划表、需求分析说明书、原型设计包（图片、html 原型页面）	日报
设计	系统设计说明书、数据库设计说明书、项目代码框架	日报 周报
实现	源代码、数据库脚本、功能测试报告	日报 周报
提交	所有之前阶段文档的最终版、安装部署手册、使用手册、演示 PPT	周报 个人实训总结

2. 阶段考核

（1）每个学生的最终实训成绩构成如下。

$$小组成绩×50\% +组长评分×30\% +教师评分×20\% \qquad (1.1)$$

（2）小组成绩构成及评审方式如表 1.2 所示。

表 1.2　小组成绩构成及评审表

阶段名称	得分占比	评审方式	得分
分析	15%	教师根据阶段提交物按百分制评分	
设计	15%	教师根据阶段提交物按百分制评分	
实现	15%	教师通过代码走查、日常检查等按百分制评分	
提交	55%	• 所有小组依次上台演示，教师和所有组长分别评分；计算平均分作为项目演示成绩，占小组总成绩的 40%。 • 教师检查各组整理的提交作品并评分，占小组总成绩的 15%	
小组总成绩	100%		

（3）组长评分。

各组组长根据组员在项目组中的作用和贡献，对本组所有成员评分，并在项目结束时将每个成员的得分（百分制）提交给实训教师。

（4）教师评分。

教师根据组员的日常表现、考勤、项目能力等方面，对每个学生分别评分。

注：本作业为本实训课综合作业评价参考。

任务 1.3　数据库设计与实现

教学任务

目标：了解数据库设计方法。

重点：掌握系统数据库实现过程。

难点：理解系统数据表之间的关系。

教学内容

■ 知识点 ■

- 数据表命名方式。
- 数据表之间的关系设定。
- 视图和索引表设置。

■ 任务实施 ■

子任务 1.3.1　数据命名约定

1. 大小写

表、视图、字段等名称均采用小写。但是整个数据库采用大小写不敏感的策略。

2. 表名/视图名

对于一个英文单词能够代表的名称，直接采用该英文单词作为表名；由多个单词组合的名称，采用下划线作为单词间的分隔。例如：commodity_picture，commodity_store。对于视图的名称，不采用下划线，直接用单词拼接。

3. 字段名

每个表中习惯上设立一个名为 "id" 的整型自增长主键字段。对于关键的实体，除了 id 外，还提供一个 "编号" 字段，其字段形式一般为：实体名_no。

子任务 1.3.2 数据库结构图

1. 总体结构图

整个数据的总体结构如图 1.16 所示。

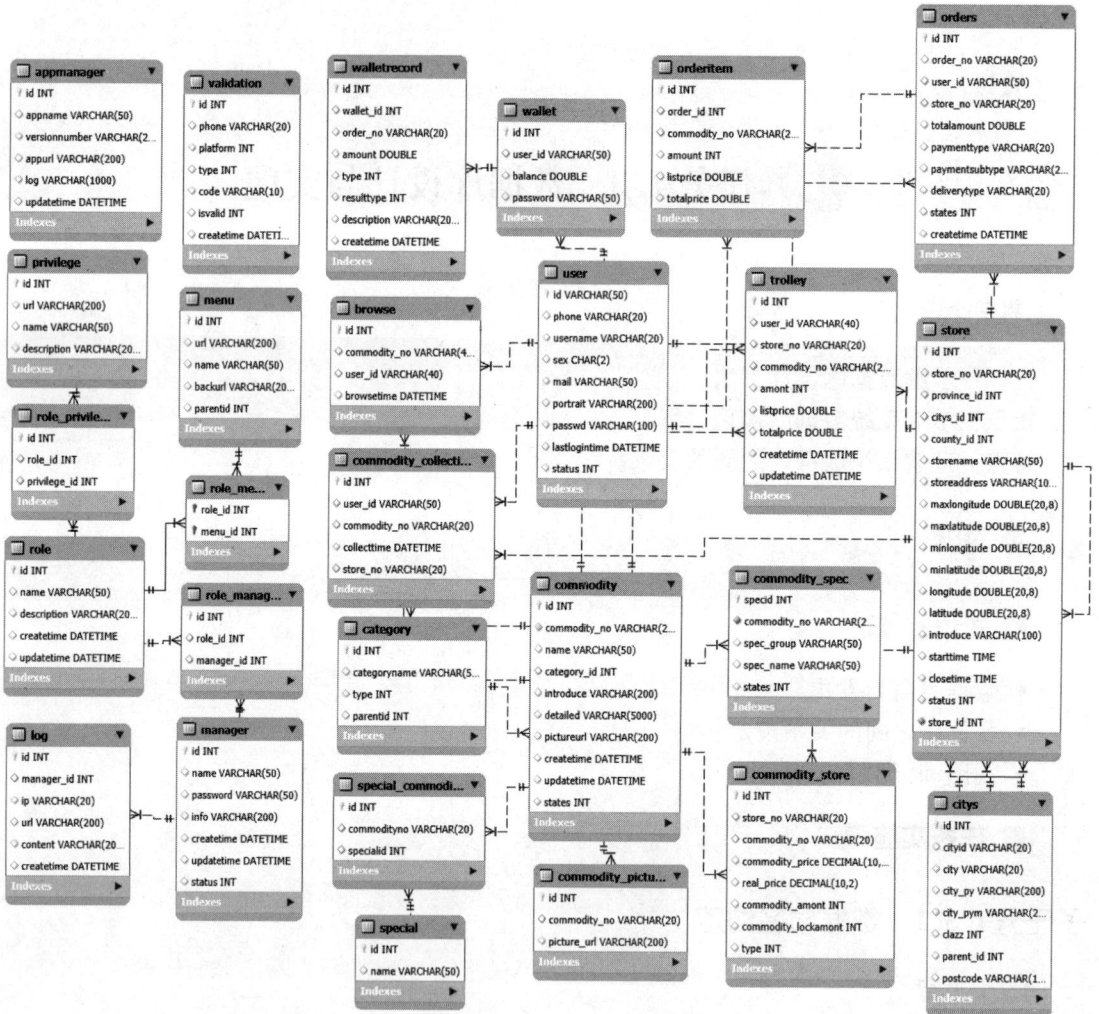

图 1.16 数据总体结构图

2. 权限管理部分

权限管理部分包括用户、角色、权限、菜单及其相互之间的关系，如图 1.17 所示。

3. 商品管理部分

商品管理部分包括商品类别、商品信息、商品图片、商品板块信息、库存、商品收藏、商品浏览及其相互之间的关系，如图 1.18 所示。

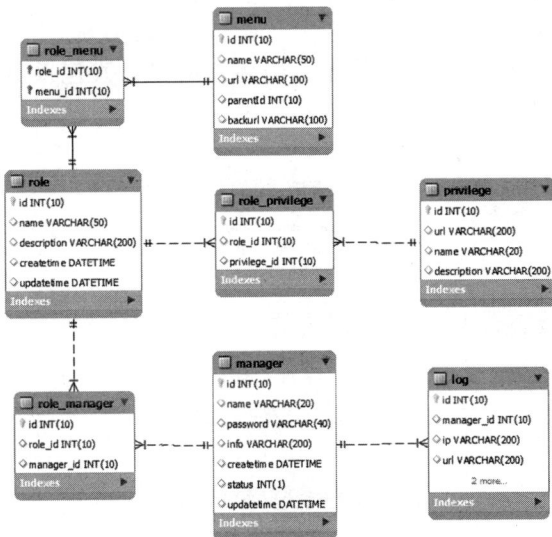

图 1.17　权限管理关系图

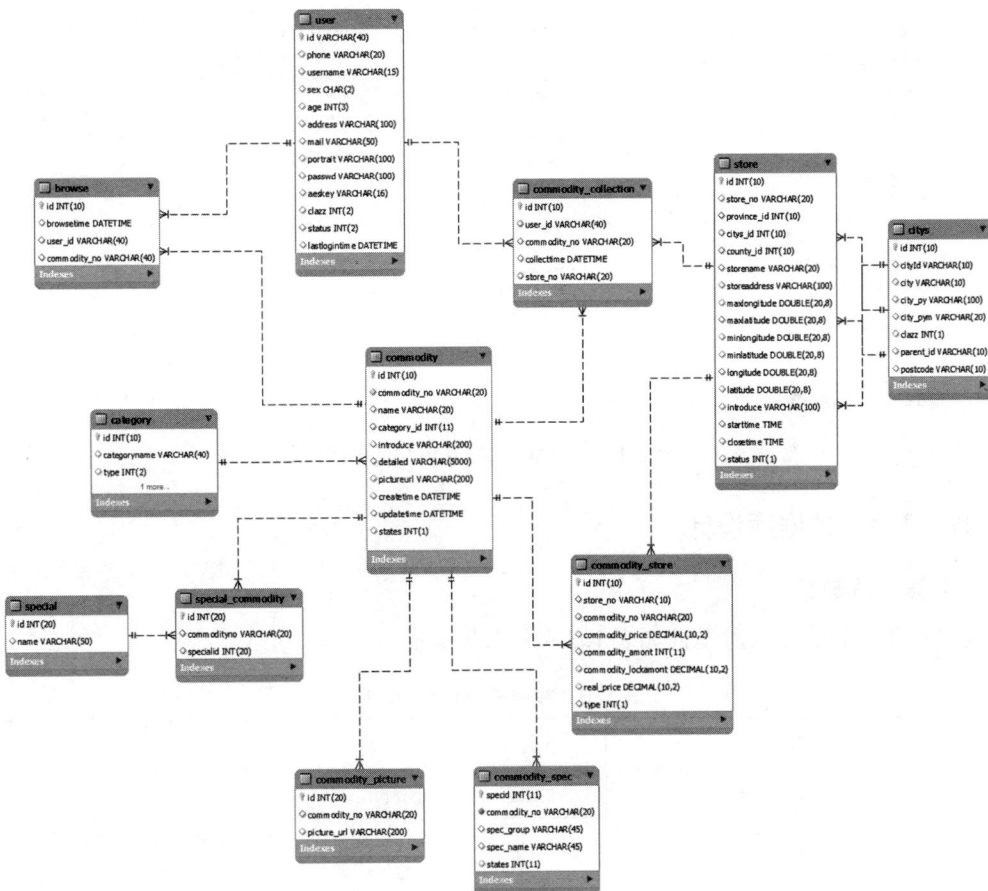

图 1.18　商品管理关系图

4. 订单部分

订单部分包括订单、订单项、购物车、门店、用户、钱包及其相互之间的关系，如图 1.19 所示。

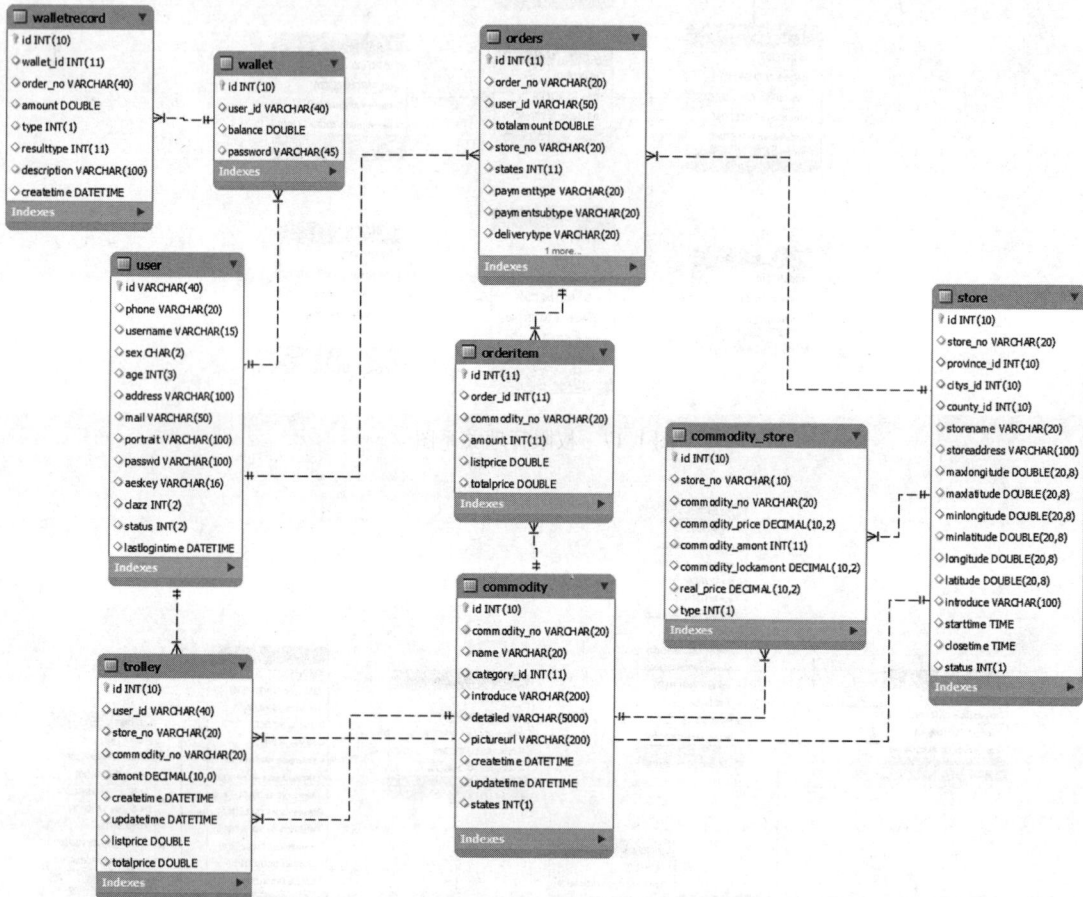

图 1.19　订单因素及其相互关系图

子任务 1.3.3　数据库设计

1. 权限管理部分

权限管理部分的数据库设计如表 1.3 ~ 表 1.9 所示。

表 1.3　权限表（privilege）

字段名称	类型	允许空	索引/键	字段说明
id	int	否	主键	自增长
url	varchar(200)	是		该权限所对应的服务端 url 地址，例如一个 html 页面地址或者一个服务接口（.do）地址
name	varchar(50)	是		权限名称
description	varchar(200)	是		权限信息描述

表 1.4　菜单表（menu）

字段名称	类型	允许空	索引/键	字段说明
id	int	否	主键	自增长
url	varchar(200)	是		该菜单所对应 html 页面 url 地址
name	varchar(50)	是		菜单名称
backurl	varchar(200)	是		菜单对应的小图标 url 地址
parentid	int	是		菜单所属的父菜单 id

表 1.5　后台用户表（manager）

字段名称	类型	允许空	索引/键	字段说明
id	int	否	主键	自增长
name	varchar	是		登录账号名称
password	varchar（50）	是		密码（未加密）
info	varchar（200）	是		账号描述
createtime	datetime	是		账号创建时间
updatetime	datetime	是		账号最近修改时间
status	int	是		账号状态：1—激活；2—禁用

表 1.6　角色表（role）

字段名称	类型	允许空	索引/键	字段说明
id	int	否	主键	自增长
name	varchar（50）	是		角色名称
description	varchar（200）	是		角色描述
createtime	datetime	是		角色创建时间
updatetime	datetime	是		角色最近修改时间

表 1.7　角色-后台用户关联表（role_manager）

字段名称	类型	允许空	索引/键	字段说明
id	int	否	主键	自增长
role_id	int	是	引用 role. id	角色 id
manager_id	int	是	引用 manager. id	用户 id

表 1.8 角色-权限关联表（role_privilege）

字段名称	类型	允许空	索引/键	字段说明
id	int	否	主键	自增长
role_id	int	是	引用 role.id	角色 id
privilege_id	int	是	引用 manager.id	权限 id

表 1.9 角色-菜单关联表（role_menu）

字段名称	类型	允许空	索引/键	字段说明
role_id	int	是	引用 role.id	角色 id
menu_id	int	是	引用 menu.id	菜单 id

2. 商品管理部分

商品管理部分的数据库设计如表 1.10 ~ 表 1.20 所示。

表 1.10 商品类别表（category）

字段名称	类型	允许空	索引/键	字段说明
id	int	否	主键	自增长
categoryname	varchar（50）	是		类别名称
type	int	是		类别级别：1——一级类别；2—二级类别；3—三级类别
parentid	int	是		父类别 id

表 1.11 商品基本信息表（commodity）

字段名称	类型	允许空	索引/键	字段说明
id	int	否	主键	自增长
commodity_no	varchar（20）	是	置为索引	商品编号
name	varchar（50）	是		商品名称
category_id	int	是	引用 category.id	商品所属类别编号
introduce	varchar（200）	是		商品简介
detailed	varchar（5000）	是		商品详细图文介绍
pictureurl	varchar（200）	是		商品主图片路径
createtime	datetime	是		商品信息创建时间
updatetime	datetime	是		商品信息最新更新时间
states	int	是		状态标识：1—激活；-1—冻结

表 1.12 商品配图表（commodity_picture）

字段名称	类型	允许空	索引/键	字段说明
id	int	否	主键	自增长
commodity_no	varchar（20）	是	引用 commodity.commodity_no	商品编号
picture_url	varchar（200）	是		商品配图 url 路径

表 1.13　商品规格表（commodity_spec）

字段名称	类型	允许空	索引/键	字段说明
id	int	否	主键	自增长
commodity_no	varchar（20）	是	引用 commodity. commodity_no	商品编号
spec_group	varchar（50）	是		规格组名称
spec_name	varchar（50）	是		规格名称
states	int	是		规格状态：1—启用；-1—禁用

表 1.14　商品收藏表（commodity_collection）

字段名称	类型	允许空	索引/键	字段说明
id	int	否	主键	自增长
commodity_no	varchar（20）	是	引用 commodity. commodity_no	商品编号
user_id	varchar（50）	是	引用 user. id	用户编号
collecttime	datetime	是		收藏时间
store_no	varchar（20）	是	引用 store. store_no	商品所属门店编号

表 1.15　门店商品信息表（commodity_store）

字段名称	类型	允许空	索引/键	字段说明
id	int	否	主键	自增长
commodity_no	varchar（20）	是	引用 commodity. commodity_no	商品编号
store_no	varchar（20）	是	引用 store. store_no	商品所属门店编号
commodoty_price	decimal（10，2）	是		商品现售价
real_price	decimal（10，2）	是		商品原售价
commodity_amont	int	是		商品库存数量
commodity_lockamont	int	是		商品库存告警（锁定）线
type	int	是		商品状态：1—上架；-1—下架

表 1.16　地区信息表（citys）

字段名称	类型	允许空	索引/键	字段说明
id	int	否	主键	自增长
cityid	varchar（20）	是		地区编号，遵循邮编规则
city	varchar（20）	是		地图名称
city_py	varchar（200）	是		地区拼音
city_pym	varchar（20）	是		地区拼音首字母
clazz	int	是		地区级别：1—省级；2—市级；3—区县级
parent_id	int	是		上级地区 id
postcode	varchar（10）	是		邮政编码

表 1.17　门店信息表（store）

字段名称	类型	允许空	索引/键	字段说明
id	int	否	主键	自增长
store_no	varchar（20）	是	置为主键	门店编号
province_id	int	是	引用 citys. id	所属省份 id
citys_id	int	是	引用 citys. id	所属城市 id
county_id	int	是	引用 citys. id	所属区县 id
storename	varchar（50）	是		门店名称
storeaddress	varchar（100）	是		门店地址
maxlongitude	double（20，8）	是		最大经度值
maxlatitude	double（20，8）	是		最大纬度值
minlongitude	double（20，8）	是		最小经度值
minlatitude	double（20，8）	是		最小纬度值
longitude	double（20，8）	是		门店经度：由最大和最小经度取平均值
latitude	double（20，8）	是		门店纬度：由最大和最小纬度取平均值
introduce	varchar（100）	是		门店介绍
starttime	time	是		门店开门营业时间
closetime	time	是		门店关门时间
status	int	是		门店状态：1—启用；-1—冻结

表 1.18　商品浏览表（browse）

字段名称	类型	允许空	索引/键	字段说明
id	int	否	主键	自增长
commodity_no	varchar（20）	是	引用 commodity. commodity_no	商品编号
user_id	varchar（50）	是	引用 user. id	用户编号
browsetime	datetime	是		浏览时间

表 1.19　特定商品板块表（special）

字段名称	类型	允许空	索引/键	字段说明
id	int	否	主键	自增长
name	varchar（50）	是		板块名称

表 1.20　板块商品信息表（special_commodity）

字段名称	类型	允许空	索引/键	字段说明
id	int	否	主键	自增长
commodity_no	varchar（20）	是	引用 commodity. commodity_no	商品编号
specialid	int	是	引用 special. id	商品所属板块 id

3. 订单部分

订单部分的数据库设计如表 1.21 ~ 表 1.26 所示。

表 1.21　消费者用户表（user）

字段名称	类型	允许空	索引/键	字段说明
id	int	否	主键	自增长
phone	varchar（20）	是	唯一键	手机号，同时也是登录账号
username	varchar（20）	是		用户姓名
sex	char（2）	是		性别
mail	varchar（50）	是		电子邮件地址
portrait	varchar（200）	是		用户头像 url
passwd	varchar（100）	是		密码（md5 散列）
lastlogintime	datetime	是		最近登录时间
status	int	是		用户状态：1—启用；-1—冻结

表 1.22　订单表（orders）

字段名称	类型	允许空	索引/键	字段说明
id	int	否	主键	自增长
order_no	varchar（20）	是		订单编号
user_id	varchar（50）	是	引用 user.id	订单所属用户 id
store_no	varchar（20）	是	引用 store.store_no	订单取货门店
totalamount	double	是		订单总金额
paymenttype	varchar（20）	是		支付类型
paymentsubtype	varchar（20）	是		支付子类型
deliverytype	varchar（20）	是		配送类型
states	varchar（20）	是		订单状态：1—待付款；2—待发货；3—已发货；4—已结单

表 1.23　订单详情表（orderitem）

字段名称	类型	允许空	索引/键	字段说明
id	int	否	主键	自增长
order_id	int	是	引用 orders.id	订单 id
commodity_no	varchar（20）	是	引用 commodity.commodity_no	商品编号
amount	int	是		商品数量
listprice	double	是		商品单价
totalprice	double	是		商品总价

表 1.24　购物车表（trolley）

字段名称	类型	允许空	索引/键	字段说明
id	int	否	主键	自增长
user_id	int	是	引用 user.id	用户 id
commodity_no	varchar（20）	是	引用 commodity.commodity_no	商品编号

字段名称	类型	允许空	索引/键	字段说明
store_no	varchar（20）	是	引用 store. store_no	门店编号
amont	int	是		商品数量
listprice	double	是		商品单价
totalprice	double	是		商品总价
createtime	datetime	是		创建时间
updatetime	datetime	是		更新时间

表 1.25　个人钱包表（wallet）

字段名称	类型	允许空	索引/键	字段说明
id	int	否	主键	自增长
user_id	varchar（50）	是	引用 user. id	用户 id
balance	double	是		余额
password	varchar（50）	是		支付密码

表 1.26　钱包记录表（orderitem）

字段名称	类型	允许空	索引/键	字段说明
id	int	否	主键	自增长
wallet_id	int	是	引用 wallet. id	钱包 id
order_no	varchar（20）	是	引用 order. order_no	相关联的订单编号
amount	double	是		记录金额
type	int	是		记录类型：1—订单支付；2—充值；3—转账
resulttype	int	是		操作结果：1—成功；−1—失败
description	varchar（200）	是		记录描述
createtime	datetime	是		记录时间

子任务 1.3.4　关键视图

为了简化数据查询时 SQL 语句的编写，将若干较复杂的查询封装到视图中。这些视图包括如下。

① firstcategoryview：返回第一级商品类别的 id 和名称。

② secondcategoryview：返回第二级商品类别的 id、名称和所属一级类别 id。

③ thirdcategoryview：返回第三级商品类别的 id、名称和所属二级类别 id。

④ categoryview：返回一级类别 id、一级类别名称、二级类别 id、二级类别名称、三级类别 id、三级类别名称的汇总表。

注：在较低版本的 MySQL 中不支持在视图中使用子查询，categoryview 视图通过调用 firstcategoryview、secondcategoryview、thirdcategoryview 三个视图来消除子查询。

⑤ minpricecommodityview：返回每件商品在各店铺中的最低价格。

⑥ maxsalescommodityview：返回商品的销售排行前十名，按照销售件数统计。

项目2
电子商务系统前端开发

本项目将介绍"乐鲜生活"网上商城的 Web 端实现。我们将从前端开发工具开始入手，继而讲解商城首页的主要组成部分、商品详情页、购物车、订单处理以及个人中心管理等内容。通过本项目的学习，读者可以对网上商城的购物流程有一个基本的认识，也能够掌握每一个模块的页面设计与逻辑功能实现，为进一步学习服务器端和移动端开发奠定坚实基础。

任务 2.1　商城首页的设计与实现

▶ 教学任务

- 了解商城网站首页主要模块构成。
- 熟悉商城网站购物的主要流程及特点。
- 掌握商品搜索功能模块的页面设计与代码实现。
- 掌握商品分类展示功能模块的页面设计与代码实现。
- 掌握招牌展示切换功能模块的页面设计与代码实现。
- 掌握商品推荐功能模块的页面设计与代码实现。

商城首页是用户访问商城网站所见到的第一个页面，通常会提供站点导航、商品搜索、商品类别、招牌轮播展示、商品列表信息等功能服务，方便用户进行商城购物活动。本任务将以"乐鲜生活"商城为例，展示商品搜索、商品分类展示、招牌展示和商品推荐等几个模块的页面设计与逻辑实现。在页面设计的讲解中，主要以 html 结构为重点内容，样式表的实现请参考所给源代码，逻辑实现部分主要以 JS 的前端逻辑为主，其所调用的后端接口同样参考所给源代码。

子任务 2.1.1　商品搜索功能模块

▶ **教学任务**

商品搜索栏用以搜索网上商城的指定商品，方便用户尽快找到感兴趣的商品信息。在本项目中，通过商品搜索栏功能，使用户可以更加便捷地搜索指定的商品信息。

▶ **教学重难点**

1. 教学重点
（1）商品搜索栏功能页面设计。
（2）商品搜索栏功能逻辑实现。
2. 教学难点
（1）使用 form 表单的 input 输入文本框栏属性布局搜索栏。
（2）引入盒子模型布局和清除浮动属性，实现商品信息导航栏。

▶ **知识准备**

商品搜索流程

网上商城的商品搜索功能是一个关键的用户体验组件，它的执行流程通常包括以下步骤。

（1）用户输入查询：用户在搜索框中输入关键词或商品名称，然后单击【搜索】按钮或按下回车键触发搜索。

（2）前端验证：前端可以进行简单的输入验证，确保用户输入的内容格式正确，例如去除多余空格或特殊字符。

（3）向服务器发送请求：前端将用户的查询请求发送到后端服务器，通常采用 HTTP 请求，如 GET 请求。

（4）后端处理：后端服务器接收到查询请求后，会开始处理。

（5）生成搜索结果：后端处理完数据后，将匹配的商品信息构建成一个结果集，通常以 JSON 格式返回给前端。

（6）前端呈现：前端接收到后端返回的搜索结果数据后，会将数据渲染到搜索结果页面上，通常会显示商品的名称、价格、图片等信息，并可能提供筛选条件和排序选项供用户进一步细化搜索结果。

▶ **教学实施**

在商城首页靠上方位置布局商品【搜索】功能模块（如图 2.1 所示），使用户可以通过输入关键字精准搜索到符合条件的商品信息。

请输入您想要的商品　　　　　　　　　　　　　　　　　　　　搜索

图2.1　商品搜索功能模块显示效果

页面结构部分主要由一个 form 标签、一个 input 文本框和一个 button 按钮构成，相关代码如下所示。

代码功能： 商品搜索模块页面结构代码。

```
1  <form>
2      <input type="text" value="" class="txt" placeholder="请输入您想要的商品
3  "style="font-size: 18px" />
4      <button type="submit">搜索</button>
5      <div class="clr"></div>
6  </form>
```

当用户单击【搜索】按钮时，系统会调用 $("form>button").click() 事件代码，执行商品的搜索功能，相关代码如下所示。

代码功能： 商品搜索模块前端逻辑代码。

```
1   $("form>button").click(function(){
2       // 获取输入框的值,并去掉前后的空格
3       var str=$.trim($(this).prev("input").val());
4       if(str){
5           // 如果输入框的值非空
6           // 使用 encodeURIComponent 对值进行编码,并拼接到跳转链接中
7           window.location.href="searchcommodity.html? keyword="+
8                        encodeURIComponent(str);
9           return false; // 阻止表单的默认提交行为
10      }
11      // 如果输入框的值为空时,给出提示消息
12      asyncbox.tips("你还没有输入任何东西哦～",asyncbox.Level.success);
13      return false; // 阻止表单的默认提交行为
14  });
```

如果搜索关键字输入有效，并且数据库中拥有相应的记录，则会在 searchcommodity.html 页面中显示搜索的结果信息，比如输入搜索关键字为"神隐大陆"，则会显示商品名带有"神隐大陆"的商品信息列表，如图2.2所示。

所有与已选条件相关的宝贝：

| 价格 | ___ - ___ | 确认 |

| 销量 | 价格 |

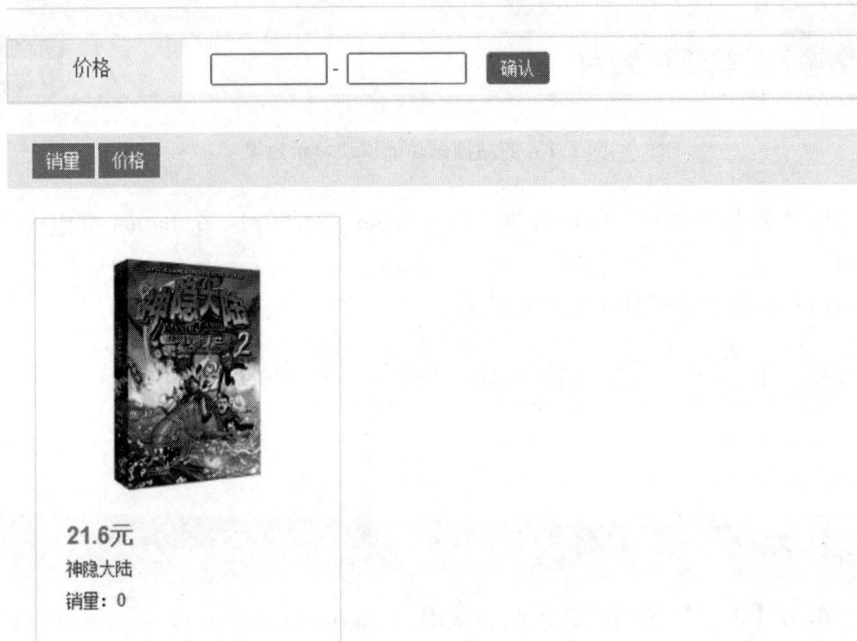

21.6元
神隐大陆
销量：0

图 2.2　商品搜索结果显示页面

▶ 课堂实践

根据商品搜索功能模块的任务实施要求，完成本模块页面结构、样式设计以及逻辑功能部分的代码编写，并做好相应的代码调试。

子任务 2.1.2　商品分类展示功能模块

▶ 教学目标

网上商城的商品分类展示功能模块，将商品分类、分模块进行展示，商品排列清晰明确。分类展示商品，不仅能方便用户按类别快速找到相关商品信息，还便于用户进行同类商品的性能和价格比对。在本项目中，将商品分为健康五谷、营养膳食、精致生活、家居保卫、学习攻坚、校服文化等模块。

在本子任务中，以商品分类展示功能模块为例，实现健康五谷、营养膳食、精致生活、家居保卫、学习攻坚、校服文化等模块的页面设计与功能逻辑。

▶ 教学重难点

1. 教学重点
（1）商品分类展示功能页面设计。
（2）商品分类展示功能逻辑实现。

2. 教学难点

（1）使用 div+css 布局技术实现分类展示页面。

（2）使用 postAjax 获取指定商品数据信息。

▶ 知识准备

postAjax 扩展

postAjax 是对 jQuery 库的扩展，用以完成对服务器端的 Ajax 请求，它比原生的 Ajax 方法具有更好的平台支持及稳定性，其实现代码如下所示。

代码功能： 扩展 Ajax 请求，实现指定路径的数据访问及回调函数。

```
1   /**
2    * 执行一个 POST 请求,并处理响应数据。
3    *
4    * @param {string} url - 请求的 URL 地址。
5    * @param {Object} param - 请求的参数。
6    * @param {function} fnCallback - 请求成功时的回调函数,接受一个参数:响应数据。
7    * @param {function} fnErrorCallback - 请求失败时的回调函数(可选)。
8    */
9   $.postAjax=function (url, param, fnCallback, fnErrorCallback) {
10    // 拼接完整的请求 URL,假设 baseUrl 是全局变量,包含了网站的基本 URL。
11    url=baseUrl+ url;
12    // 获取额外的固定参数,可以根据具体需求实现 getFixParam 函数。
13    var fixParam=getFixParam();
14    // 合并参数,将固定参数与传入的参数合并。
15    param=param ||{};
16    param= $.extend(param, fixParam);
17    // 判断是否传入了成功回调函数,并且该回调函数是一个函数。
18    if (fnCallback && typeof fnCallback=="function") {
19      // 发起 POST 请求,接收 JSON 响应。
20      $.post(url, param, function (json, status) {
21        // 检查请求状态是否成功。
22        if (status=="success") {
23          // 调用成功回调函数,传递响应数据。
24          fnCallback(json);
25        }
26        // 如果定义了错误回调函数,且请求失败,调用错误回调函数。
27        else if (fnErrorCallback && typeof fnErrorCallback=='function') {
28          fnErrorCallback();
29        }
30      }, "json");
```

```
31   }
32  };
```

■ 任务实施 ■

在商城首页左侧布局商品分类展示功能模块（如图 2.3 所示），该模块为垂直导航栏，包含健康五谷、营养膳食、精致生活、家居保卫、学习攻坚、校服文化等菜单模块，将商城的商品按这几项进行分类，鼠标悬停在每个分类模块上，即展开该类的二级菜单内容，单击某个分类项可以展示出该类别的相关商品列表信息，方便用户选择感兴趣的商品进行浏览或购买。

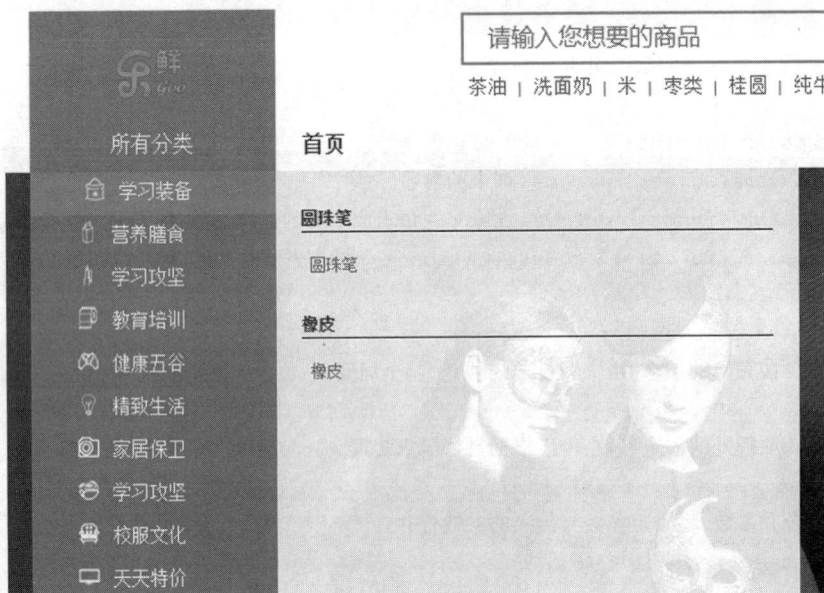

图 2.3　商品分类展示模块显示效果

模块的页面显示部分使用类名为 yHeader 的 div 标签进行包裹，通过典型的 div+css 布局技术实现页面效果，实现代码如下所示。

代码功能：商品分类展示模块页面结构代码。

```
1  <div class="yHeader">
2   <div class="yNavIndex">
3    <div class="pullDown">
4     <h2 class="pullDownTitle">所有分类</h2>
5     <ul class="pullDownList"></ul>
6     <div class="yMenuListCon">
7      <div class="yMenuListConin"></div>
8      <div class="yMenuListConin"></div>
9      <div class="yMenuListConin"></div>
```

```
10        <div class="yMenuListConin"></div>
11        <div class="yMenuListConin"></div>
12        <div class="yMenuListConin"></div>
13        <div class="yMenuListConin"></div>
14        <div class="yMenuListConin"></div>
15        <div class="yMenuListConin"></div>
16        <div class="yMenuListConin"></div>
17        <div class="yMenuListConin"></div>
18        <div class="yMenuListConin"></div>
19        <div class="yMenuListConin"></div>
20        <div class="yMenuListConin"></div>
21        <div class="yMenuListConin"></div>
22      </div>
23    </div>
24    <ul class="yMenuIndex">
25      <li><a href="javascript:void(0)" class="yMenua">首页</a></li>
26    </ul>
27  </div>
28 </div>
```

定义一级分类 getCategory( )方法，进行列表内容匹配，获取选中的类别信息，实现代码如下所示。

代码功能： 获取单击【类型】的商品信息。

```
1  function getCategory() {
2      // 发起 POST 请求获取分类信息
3      $.postAjax("/category/getCategories.do", {
4        type: 1
5      }, function (json) {
6          if (json.code) {
7              // 处理错误消息并显示
8              asyncbox.tips(json.message, asyncbox.Level.error);
9              return;
10         }
11         // 清空下拉列表
12         $(".pullDownList").empty();
13         var data=json.data ||[];
14         var div1 ="<li class='menulihover'>";
15         var div2 ="<li>";
16         var div ="<i class='?'></i>";
17         div+="<a target='_blank'data='?'>? </a>";
18         if (data.length) {
19             for (var index in data) {
```

```
20              if (index==0) {
21                  // 添加第一个分类
22                  $(".pullDownList").append((div1+div).format("list"+
23                      (Number(index)+Number(1)),
24                          data[index].categoryId, data[index].categoryName));
25              } else {
26                  // 添加其他分类
27                  $(".pullDownList").append((div2+div).format("list"+
28                      (Number(index)+Number(1)),
29                          data[index].categoryId, data[index].categoryName));
30              }
31          }
32      }
33  }, function () {
34  });
35
36  // 鼠标进入下拉列表项时触发事件
37  $(".pullDownList>li").live("mouseenter",
38      function () {
39          var firstId=$(this).children("a").attr("data");
40          $(".yMenuListConin").empty();
41          var div="<div class='yMenuLCinList'>";
42          div+="<h3><a class='yListName'>? </a></h3>";
            div+="<p>? </p></div>";
43          if (dataAray[firstId]==null) {
44              // 如果数据未缓存,则发起请求获取子分类
45              $.postAjax("/category/getSubCategories.do", {parentId: firstId},
46                  function (json) {
47                      if (json.code) {
48                          // 处理错误消息并显示
49                          asyncbox.tips(json.message, asyncbox.Level.error);
50                          return;
51                      }
52                      var data1=json.data ||[];
53                      dataAray[firstId]=data1;
54                      for (var index1 in data1) {
55                          var sencondObj=data1[index1];
56                          var data2=data1[index1].subCategories ||[];
57                          var content="";
58                          for(var index2 in data2) {
59                              content+="<a onclick='showCommodityList(this);'
60                                  data='?'>? </a>"
```

```
61                                    .format(data2[index2].categoryId,data2
[index2].categoryName);
62                                }
63
64      $(".yMenuListConin").append(div.format(sencondObj.categoryName, content));
65                            }
66                        }
67                    );
68                } else {
69                    var data1=dataAray[firstId];
70                    for (var index1 in data1) {
71                        var sencondObj=data1[index1];
72                        var data2=sencondObj.subCategories ||[];
73                        var content="";
74                        for (var index2 in data2) {
75                            content+="<a onclick='showCommodityList(this);'data=
'?'>? </a>"
76                                .format(data2[index2].categoryId,data2[index2].
categoryName);
77                        }
78                        $(".yMenuListConin").append(div.format(sencondObj.
79      categoryName,content));
80                    }
81                }
82            }
83        );
84    }
```

▶ 课堂实践

根据商品分类展示模块的任务实施要求，完成本模块页面结构、样式设计以及逻辑功能部分的代码编写，并做好相应的代码调试。

子任务 2.1.3　招牌轮播展示功能模块

▶ 教学目标

在网上商城的主体页面区的上方布局招牌轮播展示功能模块，主要是商城的招牌图片的轮播展示。这个区域主要展示商城的招牌广告图片，在醒目的位置吸引用户眼光，也是商城主题内容的轮播展示区域。在本子任务中，通过食品预售等 5 张图片进行轮播展示。

▶ **教学重难点**

1. 教学重点

（1）招牌轮播展示功能页面设计。

（2）招牌轮播展示功能逻辑实现。

2. 教学难点

（1）使用 html 的 div 布局轮播图片盒子。

（2）编写 JavaScript 代码实现图片轮播显示。

▶ **知识准备**

轮播图技术

在网页设计中，实现轮播图（图片轮播）的方法有多种。以下是一些常见的轮播图实现方法。

（1）使用 html 和 CSS 实现轮播。

这是一种基本的方法，使用 html 结构和 CSS 样式来创建轮播。通常使用无序列表(<ul>)和列表项(<li>)来包裹每张图片，然后使用 CSS 样式设置图片的位置和动画效果。这种方法适用于简单的轮播需求。

（2）使用 JavaScript 和 CSS 实现轮播。

这种方法在 html 和 CSS 基础上，添加 JavaScript 代码来控制轮播。JavaScript 用于处理图片切换、动画效果和用户交互。常见的库如 Slick、Owl Carousel 等提供了丰富的功能和自定义选项。

（3）使用 jQuery 插件。

jQuery 是一个流行的 JavaScript 库，提供了许多插件用于创建轮播图。如插件 Cycle2、bxSlider 等可以在简化代码的同时实现轮播功能。

（4）使用 CSS 动画和关键帧。

使用 CSS 的动画和关键帧技术，可以实现流畅的轮播动画；通过设置不同的关键帧来定义图片的过渡效果，然后使用 CSS 的 animation 属性来触发动画。

每种方法都有其优点和适用场景。选择哪种方法取决于项目需求、开发经验和所使用的技术栈。其最终目标是在网页上实现一个吸引人的轮播图，以增强用户体验。在本项目中，将使用第(2)种技术实现轮播操作。

■ **任务实施** ■

在商城页面主体中间区域布局招牌轮播展示功能区域，如图 2.4 所示，其中包括 5 张图片的循环轮播，每隔 2 s 循环轮播图片；鼠标悬停图片上，停止轮播；鼠标离开，则继续轮播图片；单击某张轮播图片可以打开相应的超链接商品页面。

图2.4　招牌轮播展示显示效果

模块的页面显示部分使用类名为 **yBanner** 的 div 标签进行包裹,通过典型的 div+css 布局技术实现页面效果,实现代码如下所示。

代码功能: 招牌轮播展示模块页面结构代码。

```
1   <div class="yBanner">
2     <div class="yBannerList z-color1">
3       <div class="yBannerListIn">
4         <div>
5           <img src="images/banner5.jpg" id="changeImg" />
6         </div>
7       </div>
8     </div>
9   </div>
```

首先定义 changeImg( )方法用于循环计数器,再进行每张图片索引匹配,通过计数切换图片和背景颜色,设置每隔 2 s 循环轮播展示图片,页面载入时默认显示 banner5.jpg,相关代码如下所示。

代码功能: 招牌图片每隔 2 s 进行轮播展示。

```
1   // 定义一个名为 changeImg 的函数
2   function changeImg() {
3       // 减少 imgCount 变量的值
4       imgCount--;
5       // 如果 imgCount 等于 0,则将其设置为 5
6       if(imgCount==0) {
7           imgCount=5;
8       }
9       // 使用 switch 语句根据 imgCount 的值执行相应的操作
10      switch (imgCount) {
11          case 1:
```

```
12          // 将#changeImg 元素的 src 属性设置为 images/banner1.jpg
13          $("#changeImg").attr("src", "images/banner1.jpg");
14          // 将 .yBannerList 元素的背景颜色设置为#F899B7
15          $(".yBannerList").css("background", "#F899B7");
16          break;
17      case 2:
18          // 将#changeImg 元素的 src 属性设置为 images/banner2.jpg
19          $("#changeImg").attr("src","images/banner2.jpg");
20          // 将 .yBannerList 元素的背景颜色设置为#5E0FCC
21          $(".yBannerList").css("background","#5E0FCC");
22          break;
23      case 3:
24          // 将#changeImg 元素的 src 属性设置为 images/banner3.jpg
25          $("#changeImg").attr("src", "images/banner3.jpg");
26          // 将 .yBannerList 元素的背景颜色设置为#FF7C00
27          $(".yBannerList").css("background", "#FF7C00");
28          break;
29      case 4:
30          // 将#changeImg 元素的 src 属性设置为 images/banner4.jpg
31          $("#changeImg").attr("src", "images/banner4.jpg");
32          // 将 .yBannerList 元素的背景颜色设置为#D32830
33          $(".yBannerList").css("background", "#D32830");
34          break;
35      case 5:
36          // 将#changeImg 元素的 src 属性设置为 images/banner5.jpg
37          $("#changeImg").attr("src","images/banner5.jpg");
38          // 将 .yBannerList 元素的背景颜色设置为#FEC900
39          $(".yBannerList").css("background","#FEC900");
40          break;
41      }
42      // 使用 setTimeout 函数在 2 秒后再次调用 changeImg 函数
43      setTimeout(function() {
44          changeImg();
45      }, 2000);
46  }
```

▶ 课堂实践

　　根据招牌轮播展示模块的任务实施要求，完成本模块页面结构、样式设计、逻辑功能部分的代码编写，并做好相应的代码调试。

子任务 2.1.4　商品推荐功能模块

▶ **教学目标**

商品列表是网上商城用以展示商品主要信息、方便用户进行商品选择的主要形式。多数商城也会通过分区对纷繁错综的商品进行分类展示或分功能展示，在本子任务中，通过"明星商品""秒杀商品""猜你喜欢"三个分类来吸引用户进行商品选择。

▶ **教学重难点**

1. 教学重点

（1）秒杀商品功能页面设计。

（2）秒杀商品功能逻辑实现。

2. 教学难点

（1）使用 Ajax 获取秒杀商品数据信息。

（2）解析商品数据并编写 JavaScript 代码来实现商品信息列表显示。

▶ **知识准备**

网上商城首页布局

网上商城首页的功能区布局通常具有以下特点。

（1）模块化设计：首页通常以模块化的方式构建，每个功能区域都是一个独立的模块。这使得添加、删除或调整功能区域变得更加容易。

（2）导航栏：通常在页面的顶部或头部包含一个导航栏，用于快速导航到不同的产品类别、页面或功能区域。导航栏通常包括主菜单、子菜单和搜索框。

（3）轮播图：首页常常包括一个轮播图或幻灯片，用于展示最新的促销、特别优惠或热门产品。这个区域通常是页面的焦点，吸引用户的注意力。

（4）产品展示区：商城首页会有一个或多个产品展示区，用于展示不同类别的产品。这些区域通常包括大图、产品名称、价格和购买按钮。

（5）推荐商品：商城通常会推荐一些特别的商品，这些商品可能是热门、新品或特别优惠的产品。这些推荐通常位于页面的显眼位置。

（6）促销和优惠信息：首页经常包含促销、特价商品或优惠券的信息，以吸引用户点击并进行购物。

（7）品牌宣传：商城可能会展示合作品牌的标志或宣传信息，以建立信任和品牌认知。

（8）用户评价和评论：一些商城首页会包含用户对产品的评价和评论，以提供社交证明和帮助用户做出购买决策。

（9）底部导航：底部通常包含页面的底部导航，其中包括联系信息、网站政策、帮助中心和链接到其他重要页面的链接。

（10）响应式设计：为了适应大小不同的屏幕和设备，商城首页通常采用响应式设计，以确保在不同的屏幕上都能提供良好的用户体验。

（11）搜索功能：商城首页通常包括搜索框，允许用户快速搜索他们感兴趣的商品。

（12）个性化推荐：一些商城使用个性化推荐算法，根据用户的浏览和购买历史向其推荐相关产品。

总的来说，网上商城首页的功能布局旨在吸引用户、提供购物便利、突出产品特色和优惠、建立信任和提供良好的用户体验。布局通常经过精心设计，以确保用户可以轻松浏览和购买产品。

■ 任务实施 ■

在商城首页中间位置可以看到【秒杀商品】模块（如图 2.5 所示）。本模块主要有三部分功能，一是左上角的【秒杀商品】标签，能够让用户直观获取本模块商品的特点，二是右上角的【换一换】链接，点击此链接可以通过 Ajax 方式动态刷新商品列表信息，三是中间的【商品列表区域】，最多同时存放 6 组商品信息，信息包括商品的图片、价格、名称及品牌。

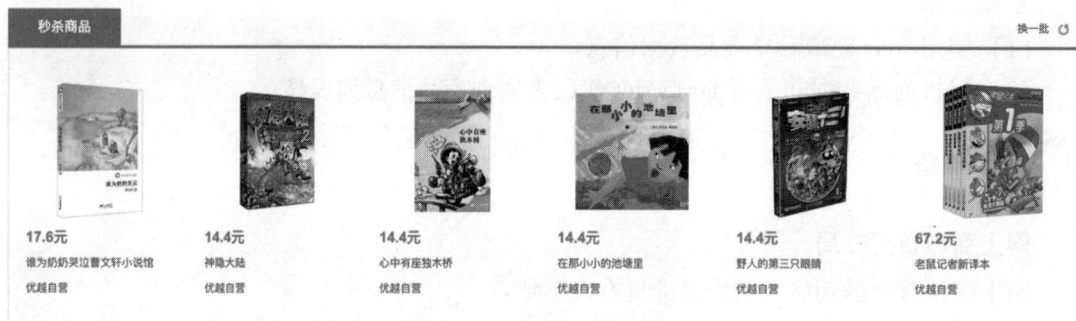

图 2.5　秒杀商品模块显示效果

模块的页面显示部分使用类名为 content_three_z 的 div 标签进行包裹，通过典型的 div+css 布局技术实现页面效果，实现代码如下所示。

代码功能：秒杀商品模块页面结构代码。

```
1   <div class="content_three_z">
2     <div class="top_z">
3       <span class="span_one">秒杀商品</span>
4       <span class="span_two">
5         <a onclick="quChange();" class="changeT">换一批</a>
6         <a class="update" onclick="quChange();">
7           <img src="icons/icon_z_4.png"/>
8         </a>
9       </span>
10      <div id="zzjs_zx">
11        <div id="www_zzjs_net_zx"></div>
12      </div>
13    </div>
```

```
14    <div class="clr"></div>
15    <div class="bottom_two_z comT2">
16      <div class="com_z_2" id="special6"></div>
17    </div>
18  </div>
```

基于前后端代码分离的原则,商品的信息没有通过传统的 jsp 代码内嵌方式实现,而是利用拓展的 postAjax 方法实现动态访问服务器端接口,再通过 JavaScript 代码解析并处理数据,最终完成商品信息的页面显示。为了实现全页面的代码重用,设计了 specialfun 方法,本方法拥有两个参数:第一个参数是特殊商品的类别,第二个参数是显示商品的数量。本方法的实现如下所示。

代码功能:获取一定数量的特殊类型商品。

```
1   // 定义名为 specialfun 的函数,接受两个参数:specialId 和 count
2   function specialfun(specialId, count) {
3       // 使用 jQuery 的 $.postAjax 方法发送 POST 请求
4       $.postAjax("/special/findSpecialCommodityBySpecialId.do", {
5           specialId: specialId,
6           count: count
7       }, function(json) {
8           // 检查返回的 JSON 对象中是否有 code 属性
9           if (json.code) {
10              // 若存在 code 属性,则显示错误消息并退出函数
11              asyncbox.tips(json.message, asyncbox.Level.error);
12              return;
13          }
14          // 从返回的 JSON 对象中获取 data 属性,如果不存在则默认为一个空数组
15          var data=json.data ||[];
16          if (data) {
17              // 调用名为 append 的函数,并传入获取到的 data 数据
18              append(data);
19          }
20      });
21  }
```

在页面加载时,会自动加载 specialfun("6" , "6");实现秒杀商品的列表显示,如果此时点击模块右上角的"换一换"或者刷新图标,也能实时调用 quChange()方法实时加载秒杀商品信息。quChange()方法的实现如下所示。

代码功能:获取秒杀商品信息。

```
1   function quChange() {
2     specialfun("6", "6");
3   }
```

当前端页面成功使用 Ajax 机制访问服务器接口实现数据获取后，便可使用 append()方法实现对商品信息的解析及处理，正如先前内容所述，append()方法不仅能解决秒杀商品模块商品显示的问题，它还能解决商城首页所有商品模块的显示效果。

代码功能：商品信息的解析与显示。

```
1    // 定义名为 append 的函数,接受一个名为 data 的参数
2    function append(data) {
3        // 从 data 中获取 specialId 属性并赋值给变量 specialId
4        var specialId=data[0].specialId;
5        // 初始化一个空字符串 str
6        var str="";
7
8        // 清空 id 为 "special"+ specialId 的元素的内容
9        $("#special"+ specialId).empty();
10
11       // 根据 specialId 的不同值,设置字符串 str 的值
12       if (specialId==1) {
13           str="限时抢购";
14       } else if (specialId==2) {
15           str="品牌精选";
16       } else if (specialId==3) {
17           str="热卖推荐";
18       } else if (specialId==4) {
19           str="新品上市";
20       } else if (specialId==5) {
21           // 在 id 为 "special"+ specialId 的元素中追加特定的 HTML 内容
22           $("#special"+ specialId).append("<div class='title-T'>特色产品</div>");
23       }
24
25       // 创建 div 字符串的开头部分
26       var div="<div class='innerWrap'>";
27       div+="<div class='content-k'>";
28       div+="<p>? </p>";
29       div+="<p class='secondP'><a href='javascript:void(0)'data ='?'onclick
='showCommodityInfo(this)'>"+ str+"</a></p>";
30       div+="<P style='font-size:16px;color:#ff4200;font-weight:bold'>? 元</P>";
31       div+="<div style='margin-top:-20px'><a href='javascript:void(0)'data
='?'onclick='showCommodityInfo(this)'><img src='?'width='115'
height='83'alt=''/></a></div>";
32       div+="</div></div>";
33
34       // 创建 div1 字符串
```

```
35        var div1 = "<div href = 'javascript:void(0)'data = '?'onclick = 'showCommod-
ityInfo(this)'class = 'firstTT'>";
36        div1+="<dl><dt style = 'cursor:pointer'><img src = '?'width = '80'height =
'60'/></dt>";
37        div1+="<dd><p style = 'font-size:16px;color:#ff4200;font-weight:bold;
text-align:left'>? 元</p><p style = 'text-overflow:ellipsis;overflow:hidden;white-
space:nowrap;line-height:25px;text-align:left'>? </p>";
39        div1+="</dd></dl></div>";
40        // 创建 div2 字符串
41        var div2 = "<div class = 'margin_left_z list_product_com'>";
42        div2+="<a onclick = 'showCommodityInfo(this);'data = '?'><img src = '?'alt =
'小图片'style = 'width:150px;height:150px'/></a>";
43        div2+="<p style = 'color:#ff4200;font-size:16px;font-weight:bold'>? 元
</p>";
44        div2+="<p class = 'commName1'>? </p>";
45
46        // 根据 specialId 的不同值,循环处理 data 中的元素,并将相应的内容追加到特定的元素中
47        if (specialId<=4) {
48            for (var index in data) {
49                $("#special"+ specialId).append(div.format(data[index].commodity_
name, data[index].commodity_no,
50                    data[index].commodity_price, data[index].commodity_no, data
[index].fullPictureurl));
51            }
52        } else if (specialId==5) {
53            for (var index in data) {
54                $("#special"+ specialId).append(div1.format(data[index].commodity_
no, data[index].fullPictureurl,
55                    data[index].commodity_name, data[index].commodity_price));
56            }
57        } else if (specialId==6) {
58            for (var index in data) {
59                $("#special"+ specialId).append(div2.format(data[index].commodity_
no, data[index].fullPictureurl,
60                    data[index].commodity_price, data[index].commodity_name));
61            }
62            $("#special"+specialId).append("<div class = 'clr'></div>");
63        }
64    }
```

根据秒杀商品模块的任务实施要求，完成本模块页面结构、样式设计以及逻辑功能部分的代码编写，并做好相应的代码调试。

任务 2.2　商品详情页设计与实现

▶ 学习目标

- 了解商品详情页的主要构成。
- 熟悉商品图片展示功能的作用及种类。
- 熟悉商品购买及购物车处理的一般流程。
- 掌握商品图片展示功能的图片切换的页面设计及代码实现。
- 掌握商品详情页商品基本信息的页面设计及代码实现。

商品详情页是当用户在商城首页选择某一特定商品后跳转的页面，能够显示此商品的图片列表、下单信息及商品详情等信息，能够帮助用户获取此商品的具体信息。当用户在了解了这些信息后，可以选择立即购买或者加入购物车。本任务将以某一具体商品为例，介绍商品的图片展示及商品的下单信息功能。

子任务 2.2.1　商品图片展示功能模块

▶ 教学目标

商品图片展示模块用以展示商品的主要信息，包含商品的外观和细节信息图片，展示出商品具体信息的不同显示效果，使用户更详细地了解所需购买的商品信息。本子任务以山茶油为例，通过细节效果图片架构商品的基本信息展示模块。

▶ 教学重难点

1. 教学重点
（1）商品图片展示功能页面设计。
（2）商品图片展示功能逻辑实现。
2. 教学难点
（1）图片缩略图区域布局效果。
（2）解析商品缩略图的索引匹配并编写 JavaScript 代码来实现商品图片展示效果。

商品图片展示

在商品信息页面左侧部分布局商品图片展示模块（如图 2.6 所示），该模块主要包括两部分组成：上方的图片展示区域和下方的缩略图区域。用户可以通过 Ajax 方式获取后台商品图片，并进行缩略图的索引匹配，单击下方区域的缩略图，即可在上方区域显示商品大图预览效果，展示出商品的详细信息。单击不同缩略图切换对应的大图展示效果。

图 2.6　商品图片展示功能模块显示效果

网上商城网站的商品详情页是用户了解和购买商品的关键页面之一。在商品详情页上，商品图片展示区通常分成两部分，分别以商品大图及缩略图两种呈现方式。它们有助于提供更多信息，增强用户体验，并促使用户进行购买决策。

（1）商品大图区域的作用包括以下几方面。

① 展示商品外观和细节：商品大图区域通常会展示商品的高清图片，包括正面、侧面、背面等多个角度的图片，以便用户更好地了解商品的外观和细节。

② 增强视觉吸引力：高质量的商品图片可以吸引用户的注意力，让用户对商品产生兴趣，激发他们浏览商品详细信息的动力。

③ 帮助用户评估商品质量：商品图片能够帮助用户判断商品的质量、材料和制造工艺，

从而影响他们是否愿意购买。

④ 提供产品尺寸感：如果商品尺寸对用户购买决策很重要，商品图片可以帮助用户了解商品的大小、比例等信息。

（2）缩略图区域的作用包括以下几方面。

① 快速预览：缩略图是小尺寸的商品图片，用户可以通过点击缩略图来快速预览商品的外观，从而节省时间并决定是否继续查看详细信息。

② 导航大量图片：一些商品可能有多张图片，通过缩略图，用户可以轻松浏览和选择他们想要查看的特定图片。

③ 比较选择：如果商品有不同的颜色、款式或变体，用户可以通过缩略图快速比较不同选项，帮助他们做出购买决策。

④ 方便交互：缩略图在移动设备上尤为有用。因为屏幕空间有限，用户可以通过单击缩略图轻松地浏览不同的图片。

综上所述，商品图片展示功能模块的作用是为用户提供更多关于商品的视觉信息，增强用户对商品的理解，帮助用户做出购买决策，并提升用户在网上商城的购物体验。

■ 任务实施 ■

模块的页面显示部分使用类名为 left 的 div 标签进行包裹，其中嵌套布局 left_top 和 left_middle 两个 div 标签，并通过典型的 div+css 布局技术实现页面效果，实现代码如下所示。

代码功能： 商品图片展示功能模块页面结构代码。

```
1   <div class="left">
2       <div class="left_top">
3        <img id="picture" src="" alt="" width="100% " height="270" />
4       </div>
5       <div class="left_middle">
6        <div class="middle_div1 float_left" style="position: absolute; left: -
10px; top: 0;"></div>
7            <div id="thumbnail"></div>
8            <div class="middle_div1 float_left" style="position: absolute; left:
350px; top: 0;"></div>
9        <div class="clr"></div>
10      </div>
11      <div class="left_under">
12          <div class="tyy"></div>
13          <div id="collectionOperation" class="txx" style="padding-left: 30px;
display:none">
```

```
14          <a href="javascript:collect()" style="float: right">
15            <img id="collectionPic" src="images/good20.png" alt="" width="25" />
16          </a>
17        </div>
18        <div>
19          (<span id="collectionCount"></span>人已收藏)
20        </div>
21        <div class="clr"> </div>
22      </div>
23  </div>
```

商品图片展示区域的大图和缩略图是通过 Ajax 技术访问后台数据接口获取的，后台的接口地址为/commodity/getCommodityInfo.do，当传递的商品编号不存在时，会返回"找不到该商品"信息提示框，否则将返回商品信息（参考以下代码第 5 ~ 8 行）界面。商品大图的图片地址是商品信息的 fullPictureUrl 属性（参考以下代码第 10 行）。由于商品的缩略图可能有多个，所以通过将缩略图以数组的方式进行存放，在显示时再通过 for 循环进行获取，并最终将生成的 html 代码通过 append 方法追加至 $("#thumbnail")上（参考以下代码第 13 ~ 20 行）。本部分代码如下所示。

代码功能： 获取商品图片及缩略图。

```
1   // 使用 jQuery 的 $.postAjax 方法发送 POST 请求
2   $.postAjax("/commodity/getCommodityInfo.do",
3     {commodityNo : commodityNo},
4     function(json) {
5        // 检查返回的 JSON 对象中是否有 code 属性
6        if (json.code) {
7           // 若存在 code 属性,则显示错误消息并退出函数
8           asyncbox.tips("找不到该商品!", asyncbox.Level.error);
9           return;
10       }
11
12       // 从返回的 JSON 对象中获取 data 属性,如果不存在则默认为一个空数组
13       var data=json.data ||[];
14
15       // 更新页面元素的内容或属性
16       $("#introduce").text(data.introduce);
17       $("#goodsName").text(data.name);
18       $("#thegenusName").text(data.name);
19       $("#minPrice").text(parseFloat(data.minPrice).toFixed(2));
20       $("#maxPrice").text(parseFloat(data.maxPrice).toFixed(2));
21       $("#picture").attr("src", data.fullPictureUrl);
22       $("#thumbnail").empty();
```

```
23
24            // 遍历 data.pictures 数组,并将图片添加到 id 为 "thumbnail" 的元素中
25            var pictures=data.pictures;
26            for (var index in pictures) {
27                $("#thumbnail").append('<div class="middle_div2 float_left">
<img src="?" alt=""width="100% " height="50"/></div>'
28                    .format(data.pictures[index].fullPictureUrl));
29            }
30
31            // 清空 id 为"addhtml"的元素的内容,并添加 data.fullDetailed
32            $("#addhtml").empty();
33            $("#addhtml").append(data.fullDetailed);
34        }
35  );
```

当用户将鼠标悬停在缩略图上时，会触发 hover 事件，在回调函数中，通过获取当前缩略图的 src 属性值，并将此属性值赋值给 $("#picture")对象（参考以下代码第 2~7 行），从而实现商品图片的切换效果。本部分代码如下所示。

代码功能：切换缩略图效果。

```
1   // 使用 live 方法来绑定 "hover" 事件处理函数到所有匹配的元素
2   $("#thumbnail img").live("hover", function() {
3       // 获取当前图片的 src 属性
4       var src=$(this).attr("src");
5
6       // 更新 id 为 "picture" 的元素的 src 属性
7       $("#picture").attr("src", src);
8   });
```

▶ 课堂实践

根据商品图片展示功能模块的任务实施要求，完成该模块页面结构、样式设计、逻辑功能部分的代码编写，并做好相应的代码调试。

子任务 2.2.2　商品下单信息功能模块

▶ 教学目标

商品下单信息功能模块主要用于商品信息的购买，包括商品的价格、规格、容量、门店选择以及购买数量等信息。在本子任务中，用户首先选择商品门店，确认所在门店的商品库存量，再选择所需的商品数量和规格并立即购买或加入购物车。

在本子任务中，以山茶油下单功能模块为例，实现商品下单信息功能页面的设计与功能逻辑。

▶ 教学重难点

1. 教学重点

（1）商品下单信息功能页面设计。

（2）商品下单信息功能逻辑实现。

2. 教学难点

（1）使用 div+css 布局商品下单功能模块。

（2）解析商品门店库存数据并编写 JavaScript 代码实现商品下单功能。

▶ 知识准备

门店选择功能

在网上商城中实现门店级联选择功能，可以让用户根据选择的地区逐步缩小门店范围，以便更方便地选择最近或最适合的门店。此功能一般以这样的思路进行开发。

（1）数据准备：收集和整理门店数据，包括门店的地理位置信息，可以使用数据库或者其他数据存储方式，以确保数据的完整性和准确性。

（2）前端页面设计：创建一个页面用于门店选择，至少包括三个下拉菜单，用于选择省（自治区、直辖市）、市和区等。为每个下拉菜单设置一个 onChange 事件处理程序，当用户选择一个选项时，触发相应的事件。

（3）前端交互逻辑：当用户选择省（自治区、直辖市）时，通过异步请求（Ajax 或 Fetch）从后端获取该省份下的城市列表，并更新"市"下拉菜单的选项。当用户选择城市时，再次通过异步请求获取该城市下的区域列表，并更新"区"下拉菜单的选项。

（4）后端开发：设计后端接口，用于根据选择的省（自治区、直辖市）、市、县（区）返回相应的门店列表或数据。可以使用 REST API 或 GraphQL，编写后端逻辑，根据用户选择的地区参数，查询数据库或数据源，获取匹配的门店信息，并将其返回给前端。

（5）前后端交互：前端通过 Ajax 或 Fetch 将用户选择的地区信息发送到后端接口。后端接收到请求后，根据地区信息查询门店数据，并将结果以 JSON 格式返回给前端。

（6）前端更新显示：前端收到后端返回的门店数据后，可以将门店列表显示在页面上，供用户选择。用户最终选择一个门店后，可以在页面上显示已选择的门店信息。

■ 任务实施 ■

在【商品信息】页面右侧部分布局【商品下单信息】功能模块（如图 2.7 所示），该模块主要包括商品名称、价格范围、门店选择、购买数量，以及加入购物车和立即购买功能。用户可以通过门店的选择，筛选出附近门店的库存商品的详细信息，再进一步选择所需商品的购买数量，最终确认立即购买，对商品进行下单操作，或者加入购物车收藏商品。

心中有座独木桥 心中有座独木桥皮皮鲁总动员皮皮鲁讲堂

图 2.7　商品下单信息显示效果

模块的页面显示部分使用类名为 right 的 div 标签进行包裹，其中嵌套布局 right_first blod、right_second、changeAddress clear 等 div 标签，并通过典型的 div+css 布局技术实现页面效果，实现代码如下所示。

代码功能：商品下单信息。

```
1    <div class="right">
2        <!-- 商品名称和介绍 -->
3        <div class="right_first blod">
4            <span id="goodsName"></span> <span id="introduce"></span>
5        </div>
6        <!-- 促销价和价格信息 -->
7        <div id="storePrice" class="right_second">
8            <p class="color1">
9                促销价:<span class="color2" id="commodityPrice"></span> 
10               <span style="color: #ff4200; font-size: 20px; font-weight: bold;">
元</span>
11           </p>
12           <p class="color1">价格:
13               <span id="realPrice" style="text-decoration: line-through; font-
size: px"></span><span>元</span>
14           </p>
15       </div>
16       <!-- 价格范围 -->
17       <div id="priceRange" class="right_second">
18           <p class="color1">
19               价格范围:
20               <span class="color2" id="minPrice"></span> 元   ~  
 
21               <span class="color2" id="maxPrice"></span> 元
```

```
22        </p>
23      </div>
24      <!-- 门店选择 -->
25      <div class="changeAddress clear">
26          <div class="ttk" style="padding-right: 13px">门店:</div>
27          <div class="wrapText clear">
28              <div class="storeSelector">
29                  <div class="title" id="addressTitle">请选择取货门店</div>
30                  <div class="content" id="hiddenContent">
31                      <!-- 门店选择的内容区域 -->
32                      <div class="line1" id="line1"></div>
33                      <div class="line2" id="line2"></div>
34                      <div class="contentLists">
35                          <div class="mt">
36                              <ul class="tabs" id="tabs">
37                                  <li><a id="click1">请选择省(自治区、直辖市)
</a></li>
38                                  <li class="comLi"><a id="click2">请选择市
</a></li>
39                                  <li class="comLi"><a id="click3">请选择区县
</a></li>
40                                  <li class="comLi"><a id="click4">请选择门店
地址</a></li>
41                              </ul>
42                          </div>
43                          <div class="mc">
44                              <ul class="areaList clear" id="city1"></ul>
45                              <ul class="areaList clear" style="display: none"
id="city2"></ul>
46                              <ul class="areaList clear" style="display: none"
id="city3"></ul>
47                              <ul class="areaList clear" style="display: none"
id="city4"></ul>
48                          </div>
49                      </div>
50                  </div>
51              </div>
52              <div class="store-prompt"></div>
53          </div>
54      </div>
55      <!-- 购买数量 -->
56      <div id="addSub" class="left_sixth">
```

```
57        <div class="ttk number" style="padding-right: 1px">购买数量:</div>
58        <div class="left_sixth_a float_left">
59            <input type="text" id="num" onchange="check()" value="1" />
60        </div>
61        <div class="left_sixth_b float_left">
62            <div id="add" class="div_top" onclick="addNum()">
63                <img src="images/good1.png" alt="" width="100%" />
64            </div>
65            <div id="sub" class="div_bom" onclick="subNum()">
66                <img src="images/good2.png" alt="" width="100%" />
67            </div>
68        </div>
69        <div class="left_sixth_c float_left">
70        </div>
71        <div class="clr"></div>
72    </div>
73    <!-- 加入购物车和立即购买按钮 -->
74    <div class="left_seventh">
75        <span>
76            <input id="addTrolley" class="seventh_iput2 blod" type="button" on-
click="addTrolley()" value="加入购物车" />
77            <input id="buyNow" class="seventh_iput2 blod" type="button" onclick
="buy()" value="立即购买" />
78        </span>
79    </div>
80 </div>
```

当商品详情页加载后,如果用户需要购买此商品,则首先需要进行门店的选择,然后是购买数量的选择,其中门店内容不是静态写入 html 代码,而是动态加载的。当用户将鼠标悬停在门店选择元素上的时候,会通过 Ajax 异步访问/store/getLocation. do 数据接口,并将一级地区的信息显示在页面上。本部分代码如下所示。

代码功能: 门店选择逻辑功能实现。

```
1  // 当鼠标进入元素 $(".storeSelector") 时触发事件
2  $(".storeSelector").mouseenter(function() {
3      // 发送 POST 请求获取门店信息
4      $.postAjax("/store/getLocation.do", {type : 1}, function(json) {
5          if (json.code) {
6              // 如果返回的 JSON 对象中存在 code 属性,显示错误消息并返回
7              asyncbox.tips(json.message, asyncbox.Level.error);
8              return;
9          }
```

```
10        // 从返回的 JSON 对象中获取 data 属性,如果不存在则默认为一个空数组
11        var data=json.data ||[];
12
13        // 清空 id 为 "city1" 的元素的内容
14        $("#city1").empty();
15
16        // 遍历 data 数组,将城市信息添加到 id 为 "city1" 的元素中
17        for (var index in data) {
18            $("#city1").append("<li><a data ='?'>? </a></li>".format(data
[index].id, data[index].city));
19        }
20    });
21
22    // 设置 id 为 "hiddenContent" 的元素显示
23    $("#hiddenContent").css("display", "block");
24 });
25
26 // 当鼠标离开元素 $(".storeSelector") 时触发事件
27 $(".storeSelector").mouseleave(function() {
28    // 设置 id 为 "hiddenContent" 的元素隐藏
29    $("#hiddenContent").css("display", "none");
30 });
```

　　当获取了第一级的地区信息后,用户可以依次选择省(自治区、直辖市)→市→县(区)→门店信息,再选择所关心的门店信息,并查阅此门店是否有货。本部分代码如下所示。

　　代码功能:通过级联方式,依次选择门店,直至找到相应的地区。

```
1  // 当点击元素 $("#tabs li a") 时触发事件
2  $("#tabs li a").click(function() {
3     // 获取当前点击的元素
4     var nowEvent=event.srcElement;
5
6     // 获取所有的节点
7     var nodesEvent= $("#tabs li a");
8     var nodesLi=nowEvent.parentNode;
9     var mcNodesUi= $(".mc ul");
10
11    // 循环处理节点
12    for (var i=0; i < nodesEvent.length; i++) {
13       if (nowEvent==nodesEvent[i]) {
14          // 当前点击的节点处理
15          $(nodesLi).addClass("active");
16          $(mcNodesUi[i]).css("display", "block");
```

```
17            $(nodesEvent[i].parentNode).removeClass("active1");
18        } else {
19            // 其他节点处理
20            $(nodesEvent[i].parentNode).removeClass("active");
21            $(nodesEvent[i].parentNode).addClass("active1");
22            $(mcNodesUi[i]).css("display", "none");
23        }
24    }
25
26    // 获取被点击元素的 id 属性值
27    var id=$(this).attr("id");
28    var data;
29    var lastId;
30
31    // 截取 id 的最后一个字符
32    id=id.substring(id.length - 1, id.length);
33    var divid="city"+ id;
34    $("#"+ divid).empty();
35
36    // 准备发送请求的数据
37    if (id==1) {
38        data={
39            type: id
40        }
41    } else {
42        lastId=$("#click"+ (parseInt(id) - parseInt(1))).attr("data");
43        data={
44            type: id,
45            id: lastId
46        }
47    }
48
49    // 发送 POST 请求获取门店信息
50    $.postAjax("/store/getLocation.do", data, function(json) {
51        if (json.code) {
52            // 如果返回的 JSON 对象中存在 code 属性,显示错误消息并返回
53            asyncbox.tips(json.message, asyncbox.Level.error);
54            return;
55        }
56        $("#"+ divid).empty();
57        var data=json.data ||[];
58        if (id==4) {
```

```
59          for (var index in data) {
60              $("#city"+ 4).append("<li><a data='?'>? </a></li>"
61                  .format(data[index].storeNo, data[index].storeName));
62          }
63      } else {
64          for (var index in data) {
65              $("#"+ divid).append("<li><a data='?'>? </a></li>"
66                  .format(data[index].id, data[index].city));
67          }
68      }
69  });
70  });
```

▶ **课堂实践**

　　根据商品下单信息功能模块的任务实施要求，完成本模块页面结构、样式设计、逻辑功能部分的代码编写，并做好相应的代码调试。

任务 2.3　商品交易功能设计与实现

▶ **任务目标**

- 了解立即购买及加入购物车的区别与联系。
- 熟悉立即购买功能模块的具体流程。
- 熟悉加入购物车功能模块的具体流程。
- 掌握立即购买功能代码实现。
- 掌握加入购物车功能代码实现。

　　商品的立即购买和加入购物车功能，是用户执行购物的必要流程：当用户仅购买单件商品时，可以选择立即购买功能；当用户需要购买不止一件商品时，则会选择加入购物车功能。本任务将分别介绍立即购买和加入购物车功能，并介绍购买商品的这两种不同方式。

子任务 2.3.1　立即购买功能模块

▶ **教学目标**

　　【商品信息展示】页面中布局【立即购买】功能模块，主要用于展示商品的购买功能。在本子任务中，用户在【商品信息展示】页面了解商品详情，如有购买意愿可以直接单击【立即购买】按钮购买该商品。在本子任务中，以精选香菇商品购买功能模块为例，实现商品【立即购买】功能模块的页面设计与功能逻辑。

教学重难点

1. 教学重点

（1）商品立即购买功能页面设计。

（2）商品立即购买功能逻辑实现。

2. 教学难点

（1）使用 ValidateUtil 实现表单信息验证。

（2）解析商品数据传递功能并编写 JavaScript 代码实现商品立即购买功能。

知识准备

前端页面间数据传递

在网页前端，有多种方式可以在不同页面之间传递数据。这些方式的选择主要取决于你的应用场景和数据规模。以下是一些常见的网页前端页面间传递数据的方式。

（1）URL 参数：在 URL 中附加参数，作为查询字符串传递数据。这对于简单的数据传递很有用，例如搜索关键词、页面过滤器等。

（2）LocalStorage 和 SessionStorage：使用浏览器提供的 localStorage 或 SessionStorage 存储数据，以便在不同页面之间共享。这适用于在同一浏览器标签页或窗口之间传递数据。

（3）Cookie：使用浏览器的 Cookie 存储数据，类似于本地存储，但有一些限制。Cookie 的大小也受限，同时会随着每个请求发送到服务器。因此，适用于少量的数据传递和持久登录状态。

（4）表单提交：在一个页面的表单中填写数据，然后提交到另一个页面。这适用于用户在不同页面之间输入数据并传递。可以通过表单元素的 action 属性和 HTTP POST 或 GET 方法来实现。

在本项目中，通过构建 Cache 类，对 HTML5 的 localStorage 对象进行封装，实现了 setItem、getItem、removeItem 和 clear 方法，能够实现缓存信息的设置、读取、删除和清除等操作。

代码功能：cache 缓存技术处理。

```
1   // 定义一个名为 initCache 的函数
2   function initCache() {
3       // 使用 window.localStorage 或者模拟的本地存储对象作为 cache
4       cache=window.localStorage ||{
5           // 设置键值对
6       "setItem": function(key, value) {
7           this[key]=value;
8       },
9       // 获取指定键的值
10      "getItem": function(key) {
11          return this[key];
```

```
12              },
13              // 移除指定键值对
14              "removeItem": function(key) {
15                  this[key]=null;
16                  delete this[key];
17              },
18              // 清空所有缓存数据(保留一些内置方法)
19              "clear": function() {
20                  for(var key in this) {
21                      if(key!='setItem'&& key!='getItem'&& key!='removeItem'&&
key!='clear'&& key!='setObjectItem'&& key!='getObjectItem') {
22                          this[key]=null;
23                          delete this[key];
24                      }
25                  }
26              }
27          };
28      }
29
30      // 立即调用 initCache 函数,并将返回的值赋给 cache
31      initCache();
```

■ 任务实施 ■

商品展示页面中包含【立即购买】功能模块,在页面右侧功能区的下方布局【立即购买】按钮（如图 2.8 所示）,单击本功能模块可以动态提取上方所选的商品规格和数量等信息,从而生成商品购买页面,完成商品购买的操作。

图 2.8　商品下单信息显示效果

在商品展示页面布局的 form 表单中,添加【立即购买】按钮,可实现商品的购买功能,通过典型的 div+css 布局技术实现页面效果,实现代码如下所示。

代码功能：立即购买按钮代码。

```
1   <!-- 立即购买按钮 -->
2   <input id="buyNow"
3      class="seventh_iput2 blod"
4      type="button" onclick="buy()"
5      value="立即购买"
6   />
```

当用户单击【立即购买】按钮时，系统将根据所选择商品的信息执行购买操作。系统收集当前商品下单的主要信息（参考以下代码第 2 ~ 17 行），如果检测到数据的完整性或者有效性问题，则会进行相应的错误提示（参考以下代码第 18-30 行）。如下单信息无误，则会收集商品信息，存入到 cache 缓存中，并跳转至订单处理页。本部分代码如下所示。

代码功能："立即购买"功能实现。

```
1    // 定义名为 buy 的函数
2    function buy() {
3        // 获取数量输入框的值
4        var num = $("#num").val();
5
6        // 验证数量是否为空
7        if (!validateUtil.validateEmpty(num)) {
8            asyncbox.tips("请选择数量", asyncbox.Level.error);
9            return;
10       }
11
12       // 获取选定的门店编号
13       storeNo = $(".storeSelector>.title").attr("data");
14
15       // 验证门店是否已选择
16       if (storeNo==null) {
17           asyncbox.tips("请选择取货门店", asyncbox.Level.error);
18           return;
19       }
20
21       //生成跳转链接并跳转页面
22       window.location="submitorders2.html? commodityNo="+ commodityNo+
'&storeNo='+ storeNo+'&num='+num;
23   };
```

▶ **课堂实践**

根据商品购买功能模块的任务实施要求，完成本模块页面结构、样式设计、逻辑功能部分的代码编写，并做好相应的代码调试。

子任务 2.3.2　加入购物车功能模块

▶ **教学目标**

网上商城购物车是一个网站或移动应用程序的重要功能，它允许用户将他们感兴趣的商品暂时存放在一个特定区域，以便随后查看、编辑和最终购买。它能够提供用户方便、高效地浏览、管理和购买商品的重要功能，极大地改善了用户的购物体验，同时也是电子商务网站和应用程序的基本功能之一。本子任务将带领大家熟悉购物车功能模块的实现过程。

▶ **教学重难点**

1. 教学重点
（1）购物车模块的交互过程。
（2）编写程序以实现购物车模块。
2. 教学难点
（1）购物车模块的实现原理和运行机制。
（2）购物车模块数据完整性和有效性处理。

▶ **知识准备**

网上商城通用购物流程
网上商城通用购物流程如下所示。
（1）浏览商品：用户通过商城网站或应用程序浏览各种商品，可以使用搜索功能或按类别浏览。
（2）选择商品：用户浏览商品列表，选择要购买的商品。用户可以单击商品以查看更多详细信息，如价格、描述和图像等。
（3）添加到购物车：用户选择要购买的商品后，可以将这些商品添加到购物车。通常，每个商品都有一个【加入购物车】按钮。用户可以选择商品数量和属性（如颜色或尺寸）。
（4）查看购物车：用户可以随时查看购物车，以查看已选择的商品列表、数量和价格等。他们还可以在此阶段修改购物车中的商品数量或删除商品。

（5）结算：用户一旦满意购物车中的内容，可以单击【结算】或【去支付】按钮。这将引导他们进入结算流程。

（6）选择支付方式：用户需要选择支付方式，如信用卡、支付宝、微信支付、银行转账等。用户还需要提供付款信息。

（7）确认订单：用户需要查看订单摘要，包括商品、价格、配送地址和支付信息，并确认一切无误。

（8）支付：用户通过选择的支付方式完成支付。在确认支付后，订单将被处理。

（9）订单确认：用户会收到"订单确认"，其中包括订单号、商品清单、总价和预计送货日期。

这些是一般的网上商城购物流程，不同商城可能会有一些变化或添加额外的步骤，以满足其特定的需求和业务流程。其中购物车流程的目标是为用户提供方便、安全的购物体验，并确保订单的准确处理和交付。

■ 任务实施 ■

商品展示页面中包含购物车功能模块，在页面右侧功能区的下方布局【加入购物车】按钮（如图 2.9 所示），单击本功能模块可以动态提取上方所选的商品规格和数量等信息，并将商品加入购物车，从购物车还可以返回商品展示页面并进行重新选购。

图 2.9　商品下单信息显示效果

在商品展示页面布局的 from 表单中，添加【加入购物车】按钮，实现商品的购物车添加功能。

代码功能：【加入购物车】按钮代码。

```
1  <input id="addTrolley"
2      class="seventh_iput2 blod" type="button"
3      onclick="addTrolley()" value="加入购物车"
4  />
```

当用户单击【加入购物车】按钮时，系统将会把所选择商品加入购物车。系统收集当前商品下单的主要信息时，如果检测到数据的完整性或者有效性问题，则会进行相应的错误提示（参考以下代码第 3 ~ 16 行）。如果下单信息无误，则会构建 data 对象，存储商品的 storeNo、commodityNo 和 amount 信息，然后将此 data 对象通过 Ajax 传递到/commodity/save-CommomdityToTrolley. do 后端程序进行处理；如果添加成功，则会更新购物车内的记录数量信息，并弹出"成功"提示。本部分代码如下所示。

代码功能： 添加购物车功能实现。

```
1    // 定义添加到购物车的函数
2    function addTrolley() {
3        // 获取输入框中的数量
4        var num = $("#num").val();
5        // 检查数量是否为空
6        if (!validateUtil.validateEmpty(num)) {
7            asyncbox.tips("请选择数量", asyncbox.Level.error);
8            return;
9        }
10       // 获取选定的取货门店编号
11       var storeNo = $(".storeSelector>.title").attr("data");
12       // 检查门店是否已选择
13       if (storeNo == null) {
14           asyncbox.tips("请选择取货门店", asyncbox.Level.error);
15           return;
16       }
17       // 构建要发送的数据对象
18       var data = {
19           storeNo: storeNo,
20           commodityNo: commodityNo, // 请确保在此之前定义了 commodityNo 变量
21           amount: num, // 修正了拼写错误(amont -> amount)
22       };
23       // 发送 POST 请求以将商品添加到购物车
24       $.postAjax("/commodity/saveCommomdityToTrolley.do", data, function (json) {
25           // 处理响应
26           if (json.code) {
27               asyncbox.tips(json.message, asyncbox.Level.error);
28               return;
29           }
30           // 获取并显示购物车内记录的数目
31           findShopCarCount();
32           // 显示成功消息
33           asyncbox.tips("加入购物车成功!", asyncbox.Level.success);
34       });
35   };
```

findShopCarCount( )函数实现了从购物车内获取记录数目的功能，它会通过 Ajax 的方式向后端/commodity/getTrolleyCount. do 程序发送请求，获取记录数目信息，获取成功后则会更新购物车数量信息。

代码功能：获取购物车内记录的数目。

```
1   // 定义查找购物车商品数量的函数
2   function findShopCarCount() {
3       // 发送 POST 请求获取购物车商品数量
4       $.postAjax("/commodity/getTrolleyCount.do", {}, function (json) {
5           // 处理响应
6           if (json.code) {
7               return; // 如果响应中包含错误码,直接返回,不执行后续代码
8           }
9           // 解析响应数据为 JavaScript 对象
10          var count=eval("("+ json.data+ ")");
11          // 更新页面上购物车数量的显示
12          $(".shopCart>span[class=' tips' ]").text(count);
13      });
14  }
```

当用户完成商品的选择后，可以单击页面右上角的【我的购物车】链接，此时页面跳转至【购物车】页面，如图 2.10 所示。

图 2.10　购物车页面

在购物车列表中存放着先前添加的商品信息以及数量，用户可以在本页面中进行商品购买数量的修改或者删除指定的商品。本部分功能的 html 结构如下所示。

代码功能：购物车商品列表显示。

```
1  <div class="goodsTitle">
2     <table>
3        <tr>
4           <td class="tdd1">
5              <input type="checkbox" onclick='selectAll(this)' id="select-
All"/>
6              <span class="paddingLeft">全选</span>
7              <span class="paddingLeft">|  <a onclick='deletetro
()'>删除</a></span>
8           </td>
9           <td class="tdd2">商品介绍</td>
10          <td class="tdd3">商品图片</td>
11          <td class="tdd4">数量</td>
12          <td class="tdd5">单价(元)</td>
13          <td class="tdd6">总价(元)</td>
14          <td class="tdd7">操作</td>
15       </tr>
16    </table>
17 </div>
18 <div class="goodsDetails"></div>
19 <div class="settleAccounts">
20    <table>
21       <tr>
22          <td class="ttd1"></td>
23          <td>已选择:<span id="amont">0</span>件商品</td>
24          <td>合计(不含运费):<span id="allprice">￥0.00</span></td>
25          <td class="tta"><img src="images/se3.png" onclick=checkout()">
</td>
26       </tr>
27    </table>
28 </div>
29 </div>
```

在加载购物列表内容的过程中,先要进行判断用户是否已经登录。如果用户没有登录,则会跳转至登录页面,代码如下所示。

代码功能: 判断用户是否已经登录。

```
1    // 当文档准备好时运行此代码
2    $(function() {
3        // 检查用户是否未登录
4        if (!util.isLogin()) {
5            // 如果未登录,则重定向到登录页面
6            window.location="login.html";
7        }
8        // 调用 init() 函数
9        init();
10   });
```

当加载购物车列表页面的时候,在检验完用户登录状态后,会调用 init( )方法,从服务器端获取当前用户的购物车信息列表,并将相关信息显示到 .goodsDetails 容器中。在具体功能实现过程中,首先通过 Ajax 向后端接口/commodity/findAlltrolley.do 获取购物车内的商品信息,并将所获取的信息通过 html 拼接的方式构建商品列表表格代码:如下代码第 44 ~ 85 行则是遍历购物车商品信息并依次显示到各单元格中,代码第 87 ~ 94 行则是实现购物车为空时的效果。相关代码如下所示。

代码功能: 获取并显示当前登录用户购物车内商品信息。

```
1    function init() {
2        // 构建查询参数
3        var data={
4            states: 1
5        };
6
7        // 查询购物车
8        $.postAjax("/commodity/findAlltrolley.do", data, function(json) {
9            if (json.code) {
10               // 如果返回的 JSON 中包含错误码,显示错误消息并返回
11               asyncbox.tips(json.message, asyncbox.Level.error);
12               return;
13           }
14
15           // 构建 HTML 模板片段
16           var divbg="<div class='bg'data='?'><input type='checkbox'onclick=
'selectStore(this)'"+
17                       $("#selectAll").attr("checked")+ "/><span>? </span></div>";
18           var divlist="<div class='lists'data='?'></div>";
19           var divtable="<table><tr>";
20
21           if ($("#selectAll").attr("checked") !="checked")
```

```
22              divtable+="<td class='td1'><input type='checkbox'data='?'on-
click='fun1(this)'/></td>";
23          else
24              divtable+="<td class='td1'><input type='checkbox'data='?'on-
click='fun1(this)'checked/></td>";
25
26              divtable+="<td class='td2'><a href='javascript:void()'><img src=
'?'width='100'/></a></td>";
27              divtable+="<td class='td3'><a onclick='togooddetail(this)'data='?'>
<p class='p1'>? </p><p class='p2'>? </p></a></td>";
28              divtable+="<td class='td4'data='?,?,? '>";
29              divtable+="<button class='span1'onclick='subNum(this)'>-</button>";
30              divtable+="<input type='text'class='span2'value='?'onblur=
'checkNum(this)'/>";
31              divtable+="<button class='span3'onclick='addNum(this)'>+</button></
td>";
32              divtable+="<td class='td5'>? </td>";
33              divtable+="<td class='td6'>? </td>";
34              divtable+="<td class='td7'data='?'onclick='deletetrolley(?)'><
img src='images/se4.png'/></td>";
35              divtable+="</tr></table>";
36
37          var objects=json.data ||[];
38          $(".goodsDetails").empty();
39          var length=objects.length;
40
41          if (length !=0) {
42              for (var object in objects) {
43                  // 每个门店的所有商品
44                  var datas=objects[object];
45                  $(".goodsDetails").append((divbg+ divlist).format(
46                      object,
47                      datas[0].storeName,
48                      object));
49                  datas.forEach(function(data){
50                      $(".lists[data="+ data.storeNo+ "]")
51                          .append(divtable.format(
52                              data.storeNo,
53                              data.fullCommodityPicture,
54                              data.commodityNo,
55                              data.commodityName,
56                              data.commodityIntroduce,
```

```
57                             data.trolleyId,
58                             data.commodityNo,
59                             data.storeNo,
60                             data.amont,
61                             parseFloat(data.commodityPrice).toFixed(2),
62                             parseFloat(data.totalPrice).toFixed(2),
63                             data.trolleyId,
64                             data.trolleyId));
65
66                     var tro={
67                         commodityNo : data.commodityNo,
68                         fullCommodityPicture : data.fullCommodityPicture,
69                         commodityName : data.commodityName,
70                         commodityIntroduce : data.commodityIntroduce,
71                         amont : data.amont,
72                         commodityPrice : data.commodityPrice,
73                         totalPrice : data.totalPrice,
74                         store : data.storeNo,
75                         storeName : data.storeName
76                     };
77
78                     // 将购物车商品信息转化并存入缓存
79                     cache.setItem("trolleyId_"+ data.trolleyId, JSON.
stringify(tro));
80                 });
81             }
82             $(".footer").removeClass("postionT");
83         } else {
84             // 如果购物车为空,隐藏相应元素,显示提示信息
85             $(".goodsTitle").hide();
86             $(".goodsDetails").hide();
87             $(".settleAccounts").hide();
88             $(".main").append("<p align='center'style='margin-top:30px;
font-size:20px;font-weight:bold'><a href='index.html'>您还没有添加的商品哦～～</a>
</p>");
89             $(".footer").addClass("postionT");
90         }
91
92         // 执行额外的功能
93         fun2();
94     });
95 }
```

　　在显示购物车商品列表信息的基础上，调用 fun2( ) 函数获取并显示所有欲购买商品的数量及总价格。从以下代码第 6 ~ 14 行可以发现，总量的统计并不是重新从服务器后端通过计算并获取，而是直接通过遍历 html 元素的相关数值实现。相关代码如下所示。

　　代码功能： 实现购物车商品总数量和总价格的统计和显示。

```
1  function fun2() {
2      // 初始化总价格和总数量
3      var total_price=parseFloat(0);
4      var total_amount=parseInt(0);
5
6      // 遍历所有复选框
7      $(".td1>input:checkbox").each(function() {
8          // 检查复选框是否被选中
9          if ($(this).prop("checked")) {
10             // 计算总价格和总数量
11             total_price+=parseFloat($(this).parents("tr").children(".td6").text());
12             total_amount+=parseInt($(this).parent().nextAll(".td4").children("input").val());
13         }
14     });
15
16     // 更新页面上显示的总数量和总价格
17     $("#amont").text(total_amount);
18     $("#allprice").text(parseFloat(total_price).toFixed(2));
19  }
```

▶ 课堂实践

　　根据商品购物车功能模块的任务实施要求，完成本模块页面结构、样式设计、逻辑功能部分的代码编写，并做好相应的代码调试。

子任务2.3.3　订单处理功能模块

▶ 模块概述

　　商城订单处理模块是电子商城网站的核心功能之一，其主要功能是允许用户将所选商品暂时存放在购物车中，以便随后进行查看、编辑和最终购买。它不仅提升了用户的购物体验，也为商家提供了便利的订单管理和处理功能。

▶ 教学重难点

1. 教学重点

（1）理解并掌握商品交易订单处理的流程。

（2）能够实现订单提交及订单支付功能的代码编写。

2. 教学难点

（1）理解并实现商品交易订单处理逻辑。

（2）订单处理模块相关页面间的数据传递。

▶ 知识准备

商城支付安全措施与防护

网上银行支付安全与防护是保障用户在网上进行银行业务操作时个人信息和资金安全的重要环节。在网上商城的设计与开发过程中，支付模块中交易功能的实现尤为重要。以下是一些与网上银行支付安全与防护相关的知识。

（1）SSL 加密技术：SSL（secure socket layer，SSL）是一种用于保护网站传输数据安全的标准安全技术。通过使用 SSL 证书，可以确保用户和网站之间的通信是加密的，以防止第三方窃取信息。

（2）HTTPS 协议：HTTPS 是在 HTTP 的基础上加入了 SSL/TLS（transport layer security，TLS）协议来保证数据传输的安全。使用 HTTPS 可以保护用户的隐私信息。

（3）双因素认证：网上银行通常会采用双因素认证，要求用户在登录时提供用户名和密码（因素一）；同时还需要提供另外一个验证，比如动态口令、短信验证码等（因素二）。

（4）安全口令：用户在网上银行注册账户时，应该设置一个足够安全的登录或交易密码，包括字母、数字和特殊字符，并且注意定期更改密码。

（5）防钓鱼技术：防钓鱼技术是一种防范网络钓鱼攻击的技术，通过验证网站的真实性来保护用户信息。

综上所述，网上银行支付安全与防护需要用户和银行共同努力，通过技术手段、安全策略和用户教育等多方面的措施来保障用户在网上办理银行业务时的安全与可靠。

■ **任务实施** ■

当用户在【购物车】页面确认购物信息无误时，在复选框中勾选需要结算的商品，便可以单击【结算】按钮进行订单的结算操作（如图 2.11 所示），系统也将跳转至【结算】页面（如图 2.12 所示）。

图 2.11 商品下单信息显示效果

图 2.12 购物车列表页

订单支付页面的效果如图 2.13 所示。

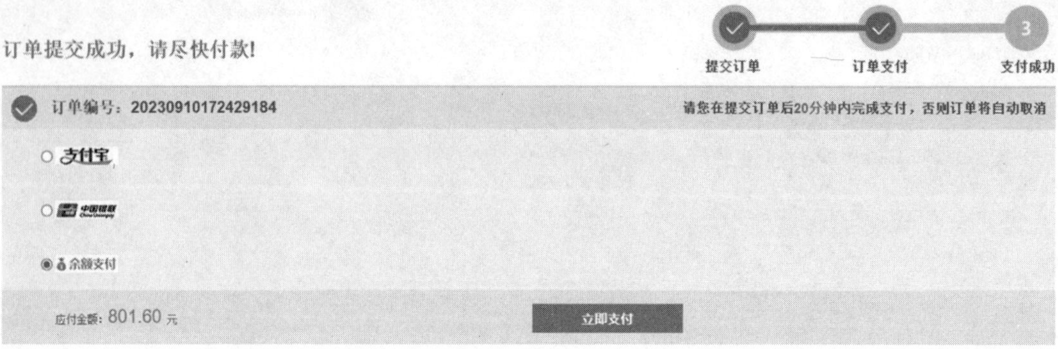

订单提交成功，请尽快付款!

提交订单　　订单支付　　支付成功

订单编号: 20230910172429184

请您在提交订单后20分钟内完成支付，否则订单将自动取消

○ 支付宝

○ 中国银联

◉ 余额支付

应付金额: 801.60 元　　　　　　　　　　　　　立即支付

图 2.13　订单支付页面

从图 2.11~图 2.12 中可以发现，提交订单页面分为提交订单、订单支付和支付成功三个过程。在提交订单过程中，用户需要确认支付方式和配送方式，以及所要支付的商品信息是否正确；如果确认无误，则可以提交订单并进入订单支付页面。以下是提交订单页面部分的主要代码。

代码功能：提交订单页面主要代码。

```
1   <div class="main">
2       <div class="zcontent">
3           <div class="div1">
4               <p>支付方式</p>
5               <div id="payment" class="select">
6                   <span class="1 span1 selected">在线支付</span>
7               </div>
8           </div>
9           <div class="div2">
10              <p>配送方式</p>
11              <div id="deliverytype" class="select">
12                  <span class="1 span2 selected">上门自提</span>
13              </div>
14          </div>
15      </div>
16
17      <div class="content">
18          <!--内容部分-->
19          <h2>确认订单信息</h2>
20          <div class="goods_introduce">
21              <table cellspacing="0" id="commoditys">
22                  <thead>
23                      <tr>
24                          <th>店铺:"乐鲜生活"精品男装</th>
25                          <th>介绍与尺寸</th>
```

```
26              <th>单价(元)</th>
27              <th>数量</th>
28              <th>优惠(元)</th>
29              <th>小计(元)</th>
30          </tr>
31        </thead>
32        <tbody>
33          <tr>
34              <td><img src="?" width="20%" /></td>
35              <td>
36                  <p>? </p>
37                  <p>? </p>
38                  <p>? </p>
39              </td>
40              <td>? </td>
41              <td>? </td>
42              <td>? </td>
43              <td>? </td>
44          </tr>
45        </tbody>
46      </table>
47    </div>
48    <div id="detalis" class="detalis"></div>
49    <div class="rightbottom">
50        <div class="integral"></div>
51        <div class="relpay"></div>
52        <div class="clr"></div>
53        <div class="div"></div>
54        <div class="div">
55            <p>
56                实付款:<span class="red1" id="pirce_1"></span><span class="hgt"> 元</span>
57            </p>
58        </div>
59        <div class="submiting">
60            <a class="submit" href="javascript:payment()">提交订单</a>
61        </div>
62    </div>
63    <div class="clr"></div>
64  </div>
65 </div>
```

当页面载入并且用户被确认已处于登录状态时，系统会自动装载已确认的订单信息，从 cache 缓存中获取（参考以下代码第 18 行）订单信息，在 init() 函数进行遍历并把商品的必要信息显示在页面表格中（参考以下代码第 15～29 行），此外还会计算商品订单的总价信息，并显示到【实付款】标签中。相关代码如下所示。

代码功能： 显示订单提交页面商品及订单信息。

```
1   function init() {
2       // 清空 id 为 commoditys 的元素的内容
3       $("#commoditys").empty();
4
5       // 定义 div1 和 div2 用于构建商品信息表格
6       var div1="<thead><tr><th class='comWidth'>商品图片</th><th class='com-
Width'>商品名称与规格</th><th>数量</th><th>单价</th><th>小计(元)</th></tr></thead>";
7       var div2="<tbody><tr><td class='comWidth'><img src='?'width='30%'/>
</td>";
8       div2+="<td class='comWidth'><p>? </p></td>";
9       div2+="<td>? </td><td>? </td><td>? </td></tr></tbody>";
10
11      // 将 div1 添加到 id 为 commoditys 的表格中
12      $("#commoditys").append(div1);
13
14      // 遍历购物车商品的 id 数组
15      for (var index in trolleyIds) {
16          // 从缓存中获取购物车商品信息
17          var t1=util.parseJSON(cache.getItem("trolleyId_"+ trolleyIds[index]));
18
19          if (t1) {
20              // 提取商品信息的各个属性
21              var commodityNo=t1.commodityNo;
22              var fullCommodityPicture=t1.fullCommodityPicture;
23              var commodityName=t1.commodityName;
24              var commodityIntroduce=t1.commodityIntroduce;
25              var amont=t1.amont;
26              var commodityPrice=t1.commodityPrice;
27              var totalPrice=t1.totalPrice;
28              var storeName=t1.storeName;
29
30              // 计算订单总价
31              pirce_1+=parseFloat(totalPrice);
32
33              // 构建并添加商品信息到表格中
34              $("#commoditys").append(div2.format(
```

```
35              fullCommodityPicture,
36              commodityName,
37              amont,
38              commodityPrice,
39              parseFloat(totalPrice).toFixed(2)
40          ));
41
42          // 设置门店名称
43          $('#storeName').text(storeName);
44      }
45  }
46
47  // 设置实付款金额
48  $("#pirce_1").text(parseFloat(pirce_1).toFixed(2));
49 }
```

当单击【提交订单】按钮时会调用 payment( )函数进行订单的提交操作。首先确认此订单的支付方式和配送方式，然后获取缓存中指定 trolleyId 的订单信息，并将以上信息重组为 data 对象（参考以下代码第 2 ~ 16 行），而后通过 Ajax 的方式提交到/order/addOrder. do 后端接口，将订单提交到服务器端处理；如果提交成功则会清除购物车中已提交的商品信息并跳转到支付订单页面（参考以下代码第 18 ~ 35 行）。相关代码如下所示。

代码功能：执行订单提交操作。

```
1  function payment() {
2      // 获取支付方式和配送方式
3      var paymentType = $("#payment > span").text();
4      var deliveryType = $("#deliverytype > span").text();
5
6      // 从缓存中获取第一个 trolleyId 的商品信息
7      var t2 = util.parseJSON(cache.getItem("trolleyId_" + trolleyIds[0]));
8
9      // 构建包含支付方式、配送方式等信息的 data 对象
10     var data = {
11         paymentType: paymentType,
12         deliveryType: deliveryType,
13         trolleyIds: util.getParam("id"),
14         totalAmount: t2.totalPrice,
15         storeNo: t2.store
16     };
17
18     // 向服务器发送 POST 请求
19     $.postAjax("/order/addOrder.do", data, function(json) {
```

```
20          if (json.code) {
21              // 处理错误情况,显示错误提示
22              asyncbox.tips(json.message, asyncbox.Level.error);
23              return;
24          }
25
26          // 处理成功情况,显示成功提示
27          asyncbox.tips(json.message, asyncbox.Level.success);
28
29          // 清除购物车中已提交的商品
30          for (var index in trolleyIds) {
31              cache.removeItem("trolleyId_"+ trolleyIds[index]);
32          }
33
34          // 跳转到支付订单页面
35          window.location = "payorder.html? orderNo="+ json.data;
36      });
37  }
```

如图 2.13 所示,订单支付页面整体效果较为简洁,仅显示了订单编号、支付方式、应付金额等必要信息,其页面结构代码如下所示。

代码功能: 订单支付页面主要代码。

```
1  <div class="header_top">
2      <!-- 头部开始部分 -->
3      <div class="header_topa headerp_top">
4          <ul>
5              <li class="header_topab" id="orderNo" style="font-size: 18px">
订单编号:</li>
6              <li class="header_topac" style="margin-right:40px">请您在提交订
单后<span>20 分钟</span>内完成支付,否则订单将自动取消</li>
7          </ul>
8      </div>
9  </div>
10  <div class="content_font">
11      <p>
12          <input type="radio" name="theType" value="3" />
13          <span class="bg1">
14              <!-- 支付宝支付 -->
15          </span>
16      </p>
17      <p>
18          <input type="radio" name="theType" value="2" />
```

```
19          <span class="bg2">
20              <!-- 银联支付 -->
21          </span>
22      </p>
23      <p>
24          <input type="radio" name="theType" value="1" checked="checked" />
25          <span class="bg3">
26              <!-- 余额支付 -->
27          </span>
28      </p>
29      <div class="payLt" style="position: relative">
30          <div style="width: 150px; float: left; margin-top: 20px; margin-
left: 62px;">
31              应付金额:<span style="font-size: 20px; color: #ff4200" id="money">
</span> 
32              <span style="color: #ff4200">元</span>
33          </div>
34          <button class="" type="button" id="submit">立即支付</button>
35      </div>
36  </div>
```

当订单支付页面加载时,系统会先执行初始化操作,获取订单编号、应付金额等信息,并在页面中适当位置进行显示。此初始化代码如下所示。

代码功能: 订单支付信息初始化。

```
1   // 调用 findShopCarCount 函数,获取购物车商品数量
2   findShopCarCount();
3
4   // 如果用户未登录,则跳转到登录页面
5   if (!util.isLogin()) {
6       window.location = "login.html";
7   }
8
9   // 将订单编号显示在 id 为 orderNo 的元素中
10  $("#orderNo").text("订单编号:" + orderNo);
11
12  // 发送 POST 请求到服务器,查询订单信息
13  $.postAjax("/order/findOrderSimple.do", {
14      orderNo: orderNo
15  }, function(json) {
16      // 如果返回的 json 对象中有错误信息,则弹出提示框并返回
17      if (json.code) {
18          asyncbox.tips(json.message, asyncbox.Level.error);
```

```
19          return;
20      }
21      // 将返回的订单总金额显示在 id 为 money 的元素中，保留两位小数
22      $("#money").text(parseFloat(json.data.totalAmount).toFixed(2));
23  });
```

用户需再次确认订单信息，确认无误后，单击【立即支付】按钮实现支付操作。用户在单击此按钮时，需选择支付方式（考虑到安全问题，此处仅提供余额支付），然后执行提交操作。相关代码如下所示。

代码功能： 立即支付提交功能。

```
1  // 为 id 为 submit 的元素添加点击事件监听器
2  $("#submit").click(function() {
3      // 获取选中的单选按钮的值
4      var values = $("input:radio:checked").attr("value");
5      // 如果没有选中任何单选按钮，则弹出提示信息并返回
6      if (!values) {
7          return asyncbox.tips("请选择支付方式!", asyncbox.Level.error);
8      }
9      // 如果选中的单选按钮值为 1，则执行以下操作
10     if (values == 1) {
11         // 创建一个包含订单号的对象
12         var data = {
13             orderNo: orderNo
14         };
15         // 调用 payOrder 函数支付订单
16         payOrder(data);
17     }
18  });
```

在上述的提交代码中，最后调用了 payOrder 函数，此函数的功能是将订单信息通过 Ajax 提交至/order/updateOrderPay.do 接口，如果支付成功，则会跳转至 paysuccess.html 页面。相关代码如下所示。

代码功能： 立即支付功能实现。

```
1  // 定义一个名为 payOrder 的函数，接收一个参数 data
2  function payOrder(data) {
3      // 打印传入的 data 参数
4      console.log('payOrder(data):' + data);
5
6      // 使用 jQuery 的 postAjax 方法向服务器发送 POST 请求，请求地址为"/order/update-
OrderPay.do"，请求数据为 data
7      $.postAjax("/order/updateOrderPay.do", data, function(json) {
```

```
8        // 如果返回的json对象中有code属性
9        if (json.code) {
10           // 调用asyncbox的tips方法，显示错误提示信息，提示级别为error
11           asyncbox.tips(json.message, asyncbox.Level.error);
12           // 结束函数执行
13           return;
14        }
15        // 如果返回的json对象中没有code属性，表示支付成功
16        // 将页面跳转到"paysuccess.html"，并附带订单号参数orderNo
17        window.location="paysuccess.html? orderNo="+ orderNo;
18     });
19  }
```

当支付成功后，系统跳转至成功支付页面（如图2.14所示）。

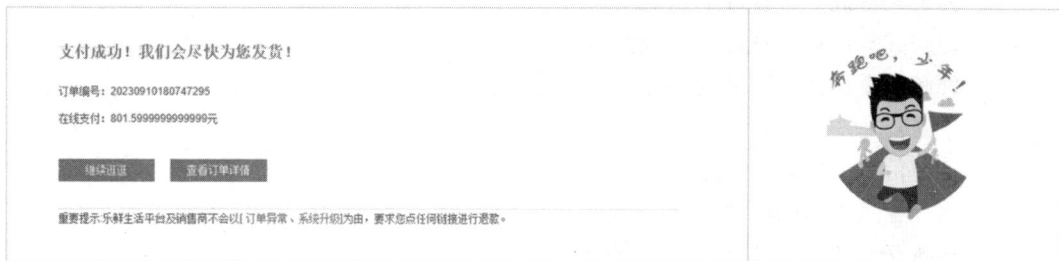

图2.14　成功支付页面

▶ 课堂实践

根据订单支付功能模块任务实施要求，完成该模块页面结构、样式设计、逻辑功能部分的代码编写，并做好相应的代码调试。

任务2.4　个人中心页设计与实现

▶ 任务目标

- 了解"乐鲜生活"商城个人中心管理模块的主要构成。
- 熟悉个人订单管理模块的功能描述。
- 熟悉账户管理模块的功能描述。
- 熟悉钱包管理模块的功能描述。
- 掌握个人订单模块中各功能的代码实现。

- 掌握账户管理模块中各功能的代码实现。
- 掌握钱包管理模块中各功能的代码实现。

在本任务中,我们将订单管理、账户管理和钱包管理三个子模块放在一个任务中完成。其中,订单管理涉及的是用户向商城下订单后的后续操作,包括检查订单内容、对未支付订单进行付款操作以及检查未取货信息等;而账户管理则是可以对个人信息、账户密码进行设置,并查看收藏商品的情况;最后钱包管理可以实现充值、转账和查看账单的操作。

▶ 教学目标

个人管理中心模块是商城用户用于个人业务及设置管理的区域。在本任务中,个人中心集成了订单管理、账户管理和钱包管理三个主要部分,分别用于进行用户在购物时的订单处理、进行个人信息的设置以及个人钱包的充值、转账和账单查看等。

▶ 教学重难点

1. 教学重点

(1) 理解并掌握订单管理的功能实现。

(2) 理解并掌握账户管理的功能实现。

(3) 理解并掌握钱包管理的功能实现。

2. 教学难点

(1) 订单信息的检索及显示。

(2) 账户信息管理的信息更新。

(3) 转账交易的功能处理。

(4) 历史订单信息及余额信息的处理及显示。

▶ 知识准备

商城支付安全的措施与防护

因为涉及资金的交易,网上商城的交易安全历来都受到安全技术专家的关注和重视,也因此诞生了许多相关的措施和方法。接下来介绍几种常见的安全措施。

(1) 使用安全的支付网关:确保商城使用的支付网关是经过认证和安全的,具备加密和防护功能,以保护用户的支付信息不被窃取。

(2) 强化用户身份验证:采用多因素身份验证(如密码、短信验证码、指纹识别等)来确保用户的身份真实性,以防止非法用户进行支付操作。

(3) 加密支付信息:商城应用 SSL 或 TLS 等加密协议来保护支付信息在传输过程中的安全性,防止被黑客截获或篡改。

(4) 定期更新和维护系统:及时修补系统漏洞和安全补丁,确保商城系统的安全性和稳定性,减少被攻击的风险。

(5) 监控和检测异常行为:建立安全监控系统,实时监测用户支付行为,及时发现和阻止异常操作,如异常金额支付、频繁支付等。

网上商城支付安全是一个综合性的问题，需要商城方和用户共同努力。商城方应加强安全措施和技术防护，用户则应提高安全意识，遵循安全操作规范，以共同保障支付信息的安全。

■ **任务实施** ■

1. 我的订单管理

当用户成功登录系统后，便能够进行个人的订单管理。

其中，【我的订单】页面显示的是当前未完成的所有订单信息（见图2.15），可以显示订单编号、创建时间、订单总额、支付方式、取货门店、订单状态等信息，用户可以单击查看详情；【待付款】页面（见图2.16）则是指没有完成付款操作的订单信息列表（见图2.17），用户可以单击立即付款执行付款操作；【待取货】页面则是显示用户可以进行取货操作的订单信息。

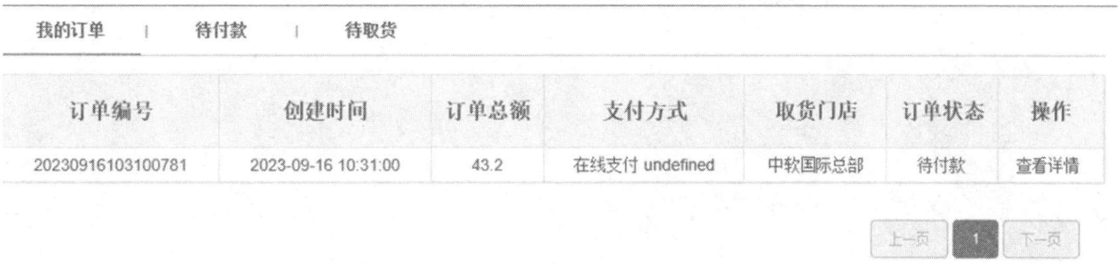

我的订单	待付款	待取货				
订单编号	**创建时间**	**订单总额**	**支付方式**	**取货门店**	**订单状态**	**操作**
20230916103100781	2023-09-16 10:31:00	43.2	在线支付 undefined	中软国际总部	待付款	查看详情

上一页　1　下一页

图2.15　我的订单页面

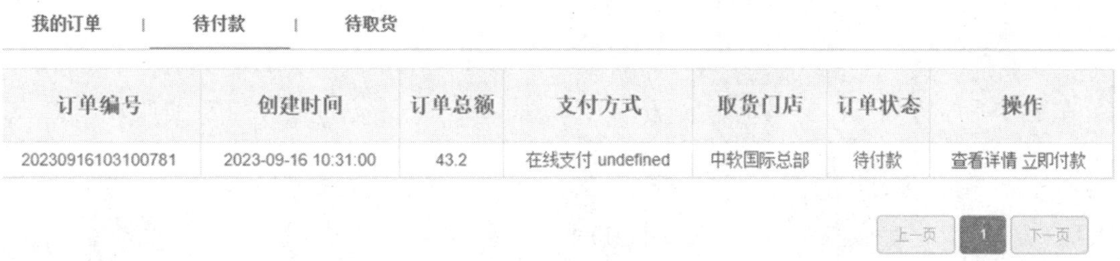

我的订单	待付款	待取货				
订单编号	**创建时间**	**订单总额**	**支付方式**	**取货门店**	**订单状态**	**操作**
20230916103100781	2023-09-16 10:31:00	43.2	在线支付 undefined	中软国际总部	待付款	查看详情 立即付款

上一页　1　下一页

图2.16　待付款页面

订单详情

订单号: 20230916103100781　　状态: 待付款

订单信息　　　　下单时间: 2023-09-16 10:31:00

支付方式: 在线支付(undefined)

取货门店: 中软国际总部

商品图片	商品名称	商品数量	商品价格(元)	商品总价(元)
	心中有座独木桥	2	21.60	43.20

图2.17　订单信息列表页面

下面以【待付款】部分内容为例，来说明其页面及功能的实现过程。下面是其页面结构部分代码，其从上至下分别包含了订单类型标签页、订单列表和订单分页三个部分。

代码功能：订单中心待付款页面部分代码。

```
1   <div class="sectiontop">
2       <!-- 右侧头部 -->
3       <div class="div1_0">
4           <ul class="ul1">
5               <li><a href="myorders.html">我的订单</a></li> |
6               <li class="border_botm_z_1"><a href="unpaidorders.html">待付款</a></li> |
7               <li><a href="paidorders.html">待取货</a></li>
8           </ul>
9           <div class="clr"></div>
10      </div>
11      <div class="div1_2">
12          <table class="order-goods" cellspacing="0">
13              <thead>
14                  <tr class="goods-top">
15                      <th>订单编号</th>
16                      <th>创建时间</th>
17                      <th>订单总额</th>
18                      <th>支付方式</th>
19                      <th>取货门店</th>
20                      <th>订单状态</th>
21                      <th>操作</th>
22                  </tr>
23              </thead>
24              <tbody id="ordersInfo">
25              </tbody>
26          </table>
27      </div>
28      <div id="order"></div>
29      <div class="div1_3 div1_3_1">
30          <div class="tcdPageCode"></div>
31      </div>
32  </div>
```

当跳转到待付款页面时，首先会判断是否为登录用户，如果检测到用户已经登录，则调用 findShopCarCount( ) 及 init（3，1）方法，获取当前登录用户的所有未处理的订单信息，并在订单列表中予以展示，逻辑部分的处理代码如下所示。其中，以下代码的第 4 ~ 15 行处理用户是否为登录状态的问题，第 17 ~ 82 行处理未处理订单信息的获取和分页显示问题，第 84~108 行定义的 append( ) 函数则是负责将获取的信息在表格列表中进行显示。

代码功能： 订单中心待付款逻辑部分代码。

```
1   // 初始化变量 worth 为浮点数 0
2   var worth=parseFloat(0);
3
4   $(function() {
5       // 如果未登录,则跳转至登录页面
6       if (!util.isLogin()) {
7           window.location="login.html";
8       }
9
10      // 查找购物车数量
11      findShopCarCount();
12
13      // 初始化,pageSize 为 3,pageNo 为 1
14      init(3, 1);
15  });
16
17  // 初始化函数,接收 pageSize 和 pageNo 作为参数
18  function init(pageSize, pageNo) {
19      var data={
20          pageSize : pageSize,
21          pageNo : pageNo,
22          states : 1
23      };
24
25      // 发送 POST 请求到 /order/findOrders.do
26      $.postAjax("/order/findOrders.do", data, function(json) {
27          if (json.code) {
28              // 如果有错误,显示错误提示
29              asyncbox.tips(json.message, asyncbox.Level.error);
30              return;
31          }
32
33          // 清空 id 为 "ordersInfo" 的元素内容
34          $("#ordersInfo").empty();
35
36          var orders=json.data ||[];
37          orders.forEach(function(order){
38              // 将每个订单追加到 "ordersInfo" 元素
```

```
39              append(order);
40          });
41
42          if (orders.length !=0) {
43              Pages=Math.ceil(json.total/3);
44              if(Pages==0){
45                  Pages=1;
46              }
47              // 如果有订单,创建分页
48              $(".tcdPageCode").createPage({
49                  pageCount : Pages,
50                  current : 1,
51                  backFn : function(p){
52                      var data1={
53                          pageSize:pageSize,
54                          pageNo : p,
55                          states : 1
56                      }
57                      $("#ordersInfo").empty();
58                      $.postAjax("/order/findOrders.do",data1,function(json){
59                          if(json.code){
60                              asyncbox.tips(json.message, asyncbox. Level. error);
61                              return;
62                          }
63                          var orders=json.data ||[];
64                          orders.forEach(function(order){
65                              append(order);
66                          });
67
68                      },function(){});
69                  }
70              });
71          } else {
72              // 如果没有订单,隐藏特定元素并显示消息
73              $(".div1_2").hide();
74              $(".div1_3").hide();
75              $(".rightspaning1_1").hide();
76              $(".sectiontop").append(
77                  "<p align='center'style='margin-top:30px;font-size:20px;
font-weight:bold'><a href='index.html'>您还没有订单哦 ~ ~</a></p>"
78              );
79          }
```

```
80          });
81      }
82
83      // 将订单详情追加到表格的函数
84      function append(order) {
85          var div="<tr>";
86          div+="<td>? </td>";
87          div+="<td>? </td>";
88          div+="<td>? </td>";
89          div+="<td>? </td>";
90          div+="<td>? </td>";
91          div+="<td>? </td>";
92          div+="<td>";
93          div+="<a href='#'target='_blank'onclick='goInfo(this);'data='?'>查
看详情</a> ";
94          div+="<a href='#'target='_blank'onclick='goPayment(this);'data='?'>
立即付款</a> ";
95          div+="</td>";
96          div+="</tr>";
97          $("#ordersInfo").append(
98              div.format(
99                  order.orderNo, order.createTime,order.totalAmount,
100                 order.paymentType+ ""+ order.paymentSubtype,
101                 order.storeName,
102                 order.statesText,
103                 order.orderNo,
104                 order.orderNo
105             )
106         );
107     }
108
109     // 导航至订单信息页面的函数
110     function goInfo(obj){
111         var orderNo= $(obj).attr("data");
112          $(obj).attr("href", "orderinfo.html? orderNo ="+ orderNo);
113     }
114
115     // 导航至付款订单页面的函数
116     function goPayment(obj){
117         var orderNo= $(obj).attr("data");
118          $(obj).attr("href", "Paymentorder.html? orderNo ="+ orderNo);
119     }
```

```
120
121    // 查找购物车数量的函数
122    function findShopCarCount() {
123        $.postAjax("/commodity/getTrolleyCount.do", {}, function(json) {
124            if (json.code) {
125                // 如果有错误,显示错误提示
126                asyncbox.tips(json.message, asyncbox.Level.error);
127                return;
128            }
129            var count=eval("("+ json.data+ ")")
130            $(".shopping_car>span[class='tips2']").text(count);
131        }, function() {});
132    }
```

2. 账户设置管理

用户成功登录后,可以通过账户设置进行个人信息及密码的修改操作(见图 2.18 和图 2.19)。

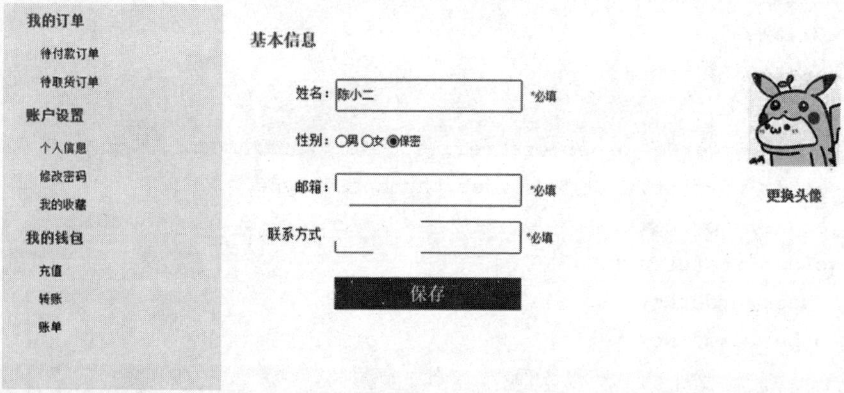

图 2.18　基本信息修改页面

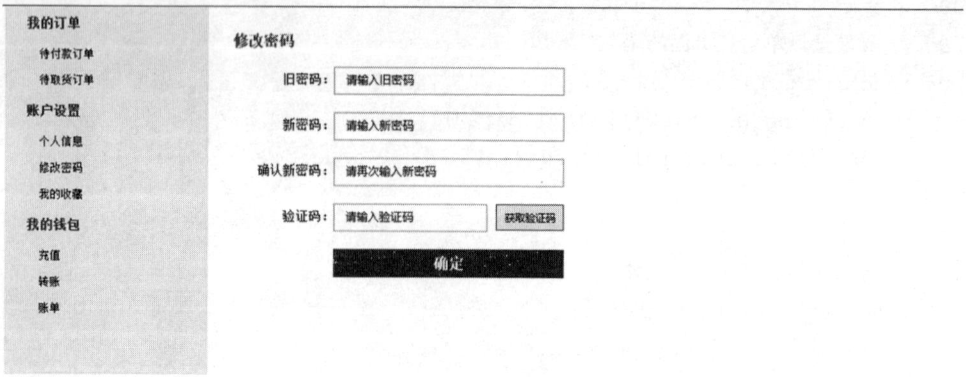

图 2.19　密码修改页面

在个人信息修改页面中，用户可以修改自己的姓名、性别、邮箱、联系方式等信息，也可以更换头像信息，其页面结构代码如下。

代码功能：个人信息修改页面部分代码。

```
1    <div class="right-mod">
2        <div class="right-top">
3            <ul class="fore1">
4                <li class="fore1_1">
5                    <a class="curr"><h2>基本信息</h2></a>
6                </li>
7            </ul>
8        </div>
9        <div class="right-content">
10           <div class="user-set userset-lcol">
11               <div class="form">
12                   <div class="item">
13                       <span class="label">姓名:</span>
14                       <input type="text" class="itxt1" value="" id="name"/>
 
15                       <span style="color: #ff4200; font-size: 1em;">* 必填</span>
16                   </div>
17                   <div class="item">
18                       <span class="label">性别:</span>
19                       <div id="fl">
20                           <input type="radio" name="sex" class="sex-radio" value=
"男"/>男
21                           <input type="radio" name="sex" class="sex-radio" value=
"女"/>女
22                           <input type="radio" name="sex" class="sex-radio" value=
"保密" checked="checked"/>保密
23                           <div class="clr"></div>
24                       </div>
25                   </div>
26                   <div class="item">
27                       <span class="label">邮箱:</span>
28                       <input type="text" class="itxt2" id="email" value="" />
  
29                       <span style="color: #ff4200; font-size: 1em;">* 必填</span>
30                   </div>
31                   <div class="item">
32                       <span class="label">联系方式:</span>
```

```
33                    <input type="text" class="itxt2" id="phone" value=""
readonly="readonly"/>
34                    <span style="color: #ff4200; font-size: 1em; padding-
left: 3px">* 必填</span>
35              </div>
36              <div class="item">
37                  <span class="label"> </span>
38                  <div class="fl">
39                      <a class="sumbit" id="sumbit">保存</a>
40                  </div>
41              </div>
42          </div>
43      </div>
44      <div class="user-info ">
45          <div class="user-img">
46              <img id="portrait" alt="" src="" style="height: 100px" />
47              <div class="img-change"
48                  style="margin-top: 15px; text-align: center">
49                  <a class="curr" href="showimg.html"><h3>更换头像</h3></a>
50              </div>
51          </div>
52          <div class="info-m">
53              <div class="clr"></div>
54          </div>
55      </div>
56  </div>
57  <div class="clr"></div>
58 </div>
```

当个人信息页面加载时，系统会调用 init( )函数进行初始化，通过 Ajax 异步方式访问/user/getUserInfo.do 服务器端接口文件，并将获取的当前登录用户的信息显示到用户信息表单中，相关代码如下所示。

代码功能：个人信息修改页面初始化显示代码。

```
1   // 初始化函数
2   function init() {
3       // 发送 POST 请求到 /user/getUserInfo.do
4       $.postAjax("/user/getUserInfo.do", {}, function(json) {
5           // 如果返回的 JSON 对象中有错误代码(code),则直接返回
6           if (json.code) {
7               return;
8           }
```

```
9
10          // 从返回的 JSON 数据中提取用户信息
11          var theUserInfo=json.data || {};
12
13          // 设置性别选项
14          $("input:radio[value="+ theUserInfo.sex+ "]").attr('checked',
'true');
15
16          // 设置姓名输入框的值
17          $("#name").val(theUserInfo.username);
18
19          // 设置邮箱输入框的值
20          $("#email").val(theUserInfo.mail);
21
22          // 设置电话号码输入框的值
23          $("#phone").val(theUserInfo.phone);
24
25          // 根据角色设置相应的样式或状态
26          $("li[value="+ theUserInfo.role+ "]").attr('class', 'selected');
27
28          // 设置头像图片的 src 属性
29          $("#portrait").attr("src", theUserInfo.fullPortrait);
30      }, function () {
31      });
32  }
```

当用户想要修改个人信息时，可以单击【保存】按钮，将所输入的信息更新到数据库，以下代码中第 3～31 行是获取用户输入的信息并进行相应的验证，第 41～57 行则是将整理好的个人信息通过 Ajax 提交至服务器端接口，相应的控制代码如下。

代码功能：个人信息修改逻辑功能部分代码。

```
1   // 当点击提交按钮时触发的事件处理函数
2   $("#sumbit").click(function() {
3       // 获取表单中输入的值并去除两端的空白字符
4       var username = $.trim($("#name").val());
5       var sex= $('input:radio:checked').val();
6       var phone = $.trim($("#phone").val());
7       var mail = $.trim($("#email").val());
8
9       // 检查性别是否为空
10      if (! validateUtil.validateEmpty(sex)) {
11          asyncbox.tips("性别不能为空!", asyncbox.Level.error);
12          return;
```

```
13          }
14
15          // 检查邮箱是否为空
16          if (!validateUtil.validateEmpty(mail)) {
17              asyncbox.tips("邮箱不能为空!", asyncbox.Level.error);
18              return;
19          }
20
21          // 检查姓名是否为空
22          if (!validateUtil.validateEmpty(username)) {
23              asyncbox.tips("姓名不能为空!", asyncbox.Level.error);
24              return;
25          }
26
27          // 检查姓名长度是否超过15 个字符
28          if (!validateUtil.validateMaxLength(username, 15)) {
29              asyncbox.tips("姓名长度过长!", asyncbox.Level.error);
30              return;
31          }
32
33          // 构造需要发送的数据对象
34          var data={
35              sex : sex,
36              mail : mail,
37              phone : phone,
38              username : username
39          };
40
41          // 发送 POST 请求到 /user/uploadUser.do
42          $.postAjax("/user/uploadUser.do", data, function(json) {
43              // 如果返回的 JSON 对象中有错误代码(code),则显示错误提示并返回
44              if (json.code) {
45                  asyncbox.tips(json.message, asyncbox.Level.error);
46                  return;
47              }
48
49              // 显示保存成功的提示信息
50              asyncbox.tips("保存成功", asyncbox.Level.success);
51
52              // 重新初始化用户信息
53              init();
54          }, function() {
```

```
55          // 如果请求发生错误,显示网络连接错误的提示
56          asyncbox.tips("网络连接错误!", asyncbox.Level.error);
57      });
58  });
```

当用户单击【修改密码】链接时,会跳转到【修改密码】页面,用户通过输入旧密码、新密码和确认新密码、验证码等信息便可完成密码的更新操作。修改密码页面的代码如下所示。

代码功能: 密码修改页面部分代码。

```
1   <div class="rightwrap">
2       <h2>修改密码</h2>
3       <div class="registerForm">
4           <div>
5               <span class="text"><span class="required"></span>旧密码:</span>
6               <input type="password" placeholder="请输入旧密码" id="oldPassword"/>
7           </div>
8           <div>
9               <span class="text"><span class="required"></span>新密码:</span>
10              <input type="password" id="password" placeholder="请输入新密码" />
11          </div>
12          <div class="clr"></div>
13          <div>
14              <span class="text"><span class="required"></span>确认新密码:
    </span>
15              <input type="password" id="surepassword" placeholder="请再次输入
    新密码" />
16          </div>
17          <div class="clr"></div>
18          <div class="clear">
19              <span class="text" style="float: left">
20                  <span class="required" style="float: left"></span>
21                  验证码:
22              </span>
23              <input type="text" id="text1" placeholder="请输入验证码" style=
    "float: left; width: 180px" />
24              <input class="mmzT" id="validate" type="button"
25                  style="float: left; border: 1px solid #999; padding: 0 2px;
    background: #f2f2f2; width: 80px; height: 30px; font-size: 12px; text-align: center;
    color: #666; cursor: pointer"
26                  value="获取验证码" />
27          </div>
```

```
28        <div class="clr"></div>
29        <div>
30            <span class="text"> </span>
31            <a href='javascript:void(0);'class="submit" id="submit">确定</a>
32        </div>
33     </div>
34 </div>
```

在执行逻辑上，当用户单击【修改密码】的【确定】按钮后，会触发此按钮的 click 事件，系统会收集修改密码的表单信息，并进行一系列的验证（见以下代码第 3～49 行），然后构造一个数据对象，发送一个 POST 请求到服务器。根据服务器返回的结果，显示相应的提示信息。如果密码修改成功，便会注销当前用户并在 3 s 后跳转至登录页面（见以下代码第 58～83 行），相关代码如下所示。

代码功能： 密码修改逻辑功能部分代码。

```
1   // 当点击提交按钮时触发的事件处理函数
2   $("#submit").click(function() {
3       // 获取输入框中的值并去除两端的空白字符
4       var password= $.trim($("#password").val());
5       var oldPassword= $.trim($("#oldPassword").val());
6       var surepassword= $.trim($("#surepassword").val());
7       var code= $.trim($("#text1").val());
8
9       // 校验旧密码是否为空
10      if (!validateUtil.validateEmpty(oldPassword)) {
11          asyncbox.tips("旧密码不能为空!", asyncbox.Level.error);
12          return;
13      }
14
15      // 校验新密码是否为空
16      if (!validateUtil.validateEmpty(password)) {
17          asyncbox.tips("请输入新密码!", asyncbox.Level.error);
18          return;
19      }
20
21      // 校验新旧密码是否相同
22      if (oldPassword==password) {
23          asyncbox.tips("新密码与旧密码不能相同!", asyncbox.Level.error);
24          return;
25      }
26
27      // 校验新密码格式
```

```
28    if (!validateUtil.validatePassword(password)) {
29        asyncbox.tips("密码由数字或字母组成!", asyncbox.Level.error);
30        return;
31    }
32
33    // 校验密码长度
34    if (!validateUtil.validateLength(password, 6, 16)) {
35        asyncbox.tips("请输入 6-16 位有效新密码!", asyncbox.Level.error);
36        return;
37    }
38
39    // 校验确认密码是否为空
40    if (!validateUtil.validateEmpty(surepassword)) {
41        asyncbox.tips("请输入确认密码!", asyncbox.Level.error);
42        return;
43    }
44
45    // 校验两次密码是否一致
46    if (password ! =surepassword) {
47        asyncbox.tips("两次密码不一致,请重新输入!", asyncbox.Level.error);
48        return;
49    }
50
51    var data={
52        password : password,
53        oldPassword : oldPassword,
54        code : code,
55        phone : phone // 这里的 phone 变量未定义,可能需要修改
56    };
57
58    // 发送 POST 请求到 /user/changeoPassword.do
59    $.postAjax("/user/changeoPassword.do", data, function(json) {
60        // 如果返回的 JSON 对象中有错误代码(code),则显示错误提示并返回
61        if (json.code) {
62            asyncbox.tips(json.message, asyncbox.Level.error);
63            return;
64        }
65
66        // 显示修改密码成功的提示信息
67        asyncbox.tips('修改密码成功', asyncbox.Level.success);
68
69        // 发送退出登录请求,注销用户
```

```
70          $.postAjax("/user/logout.do", {}, function(json) {
71              if (json.code) {
72                  return;
73              }
74              // 3秒后跳转至登录页面
75              setTimeout(function() {
76                  window.location = "login.html";
77              }, 3000)
78          }, function() {
79          });
80      }, function() {
81          asyncbox.tips("网络连接错误", asyncbox.Level.error);
82          return;
83      });
84  });
```

3. 我的钱包管理

在【我的钱包】页面中，本子任务参考主流网上商城平台，设计了充值、转账和账单三个管理项目。其中，充值管理实现了从金融账户中进行充值操作（见图2.20），转账管理则可以将个人当前的账户余额转账至指定的对方账号中（见图2.21），而账单则显示了完成交易的交易信息，以及显示可用余额（见图2.22）。需要说明的是，由于涉及转账安全等问题，在本项目中，这两个管理仅提供了测试功能。

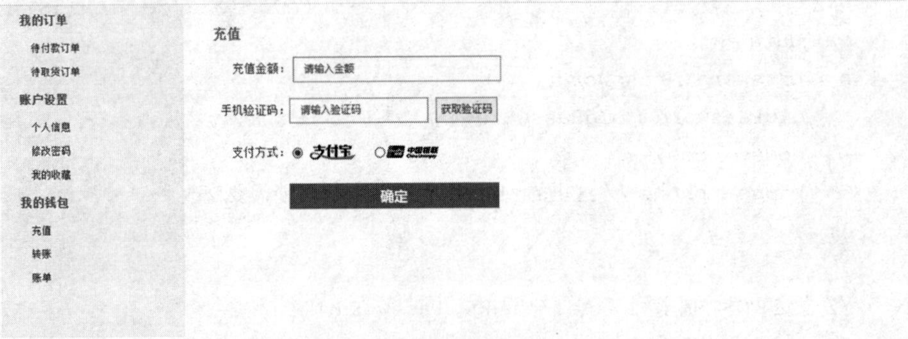

图2.20　充值页面

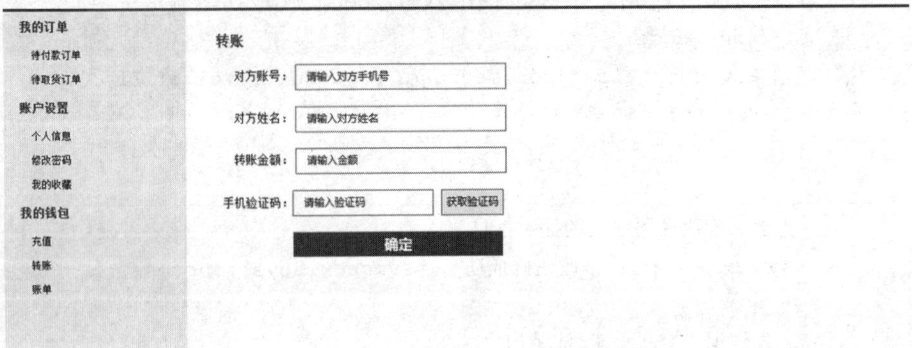

图2.21　转账页面

图 2.22　账单页面

先来看充值功能。在本项目中，用户可以通过支付宝或者中国银联支付平台向商城个人账户充值指定数目的资金，以用于商品的购买。【我的钱包】页面部分的代码如下所示。

代码功能：账户充值页面部分代码。

```
1    <div class="content_z_right">
2        <div class="one-2">
3            <div class="one-2-a one-2-a_marg">
4                <h3 class="cz_col" style="margin-top: 0px; padding-top: 3% ;">充值</h3>
5                <form action="#" method="get">
6                    <div class="ua">
7                        <label>    充值金额:</label>
8                        <input type="text" id="amount" placeholder="请输入金额" />
9                    </div>
10                   <div class="ua clear" style="height: 32px">
11                       <label style="float: left; line-height: 32px; margin-left: 1px">手机验证码:</label>
12                       <input type="text" id="validation" placeholder="请输入验证码" style="width: 180px; float: left" />
13                       <input class="sumbit uamarg" id="validateCode" value="获取验证码" />
14                   </div>
15                   <br/>
16                   <div class="content_font" style="margin: 10px 0 10px 63px">
17                       <span>支付方式:</span>
18                       <input type="radio" name="theType" value="1" id='alipay'checked="checked" />
19                       <label for="alipay" class="kkf kkf1"></label>     
20                       <input type="radio" name="theType" value="2" id="visa" />
```

```
21                    <label for="visa" class="kkf kkf2"></label>
22                </div>
23                <div class="ua_input">
24                    <input class="ua_bu" type="button" value="确定" id="submit" />
25                </div>
26            </form>
27        </div>
28    </div>
29 </div>
```

当在充值页面输入待充值金额、验证码以及选择支付方式后，单击【确定】按钮即可完成账户余额的添加操作。在实现过程中，首先获取输入框中的值，进行一系列的验证（见以下代码第 3~27 行），然后构造一个数据对象，发送一个 POST 请求到服务器（见以下代码第 19~46 行）。根据服务器返回的结果，显示相应的提示信息。如果充值成功，会显示"成功提示"并清空输入框的值。具体逻辑代码的实现如下所示。

注：以下代码第 19~27 行为公用部分代码。

代码功能：账户充值逻辑功能部分代码。

```javascript
1  // 当点击提交按钮时触发的事件处理函数
2  $("#submit").click(function() {
3      // 获取验证码和充值金额的值，并去除两端的空白字符
4      var validateCode = $.trim($("#validation").val());
5      var money = $.trim($("#amount").val());
6
7      // 检查金额是否为空
8      if (!money) {
9          asyncbox.tips("请输入金额!", asyncbox.Level.error);
10         return;
11     }
12
13     // 检查验证码是否符合要求
14     if (!validateUtil.validateCode(validateCode, 6)) {
15         asyncbox.tips("请输入 6 位有效验证码!", asyncbox.Level.error);
16         return;
17     }
18
19     // 获取选择的支付方式
20     var values = $("input:radio:checked").attr("value");
21     var channel = '';
22     if (values == 1) {
23         channel = 'alipay_pc_direct';
24     }
```

```
25      if (values==2) {
26          channel='upacp_pc';
27      }
28
29      // 构造需要发送的数据对象
30      var data={
31          amount : money
32      };
33
34      // 发送 POST 请求到 /wallet/chargeWallet.do
35      $.postAjax("/wallet/chargeWallet.do", data, function(json) {
36          // 如果返回的 JSON 对象中有错误代码(code),则显示错误提示并返回
37          if (json.code) {
38              asyncbox.tips(json.message, asyncbox.Level.error);
39              return;
40          } else {
41              // 显示成功提示,清空输入框的值
42              asyncbox.tips(json.message, asyncbox.Level.success);
43              $("#validation").val("");
44              $("#amount").val("");
45          }
46      });
47  });
```

接下来再看转账功能的实现。转账功能可以实现商城用户间的账户余额转移,在转账过程中需要知道对方的账号、姓名等信息,当确认无误后,便可以执行转账操作。转账部分的界面代码如下所示。

代码功能: 账户转账页面部分代码。

```
1   <div class="content_z_right">
2       <div class="one-2">
3           <div class="one-2-a one-2-a_marg">
4               <h3 class="cz_col" style="margin-top: 0px; padding-top: 3% ;">转账</h3>
5               <form method="get">
6                   <div class="ua">
7                       <label class="z-lable">对方账号:</label>
8                       <input type="text" id="fromPhone" placeholder="请输入对方手机号" />
9                   </div>
10                  <div class="ua">
11                      <label class="z-lable">对方姓名:</label>
12                      <input type="text" id="name" placeholder="请输入对方姓名" />
```

```
13                  </div>
14                  <div class="ua">
15                      <label class="z-lable">转账金额:</label>
16                      <input type="text" id="money" placeholder="请输入金额" />
17                  </div>
18                  <div class="ua clear" style="height: 32px">
19                      <label style="float: left; line-height: 32px">手机验证码:
</label>
20                      <input type="text" id="code" placeholder="请输入验证码"
style="width: 180px; float: left" />
21                      <input class="sumbit uamarg" id="validateCode" value="获
取验证码" />
22                  </div>
23                  <div class="ua">
24                      <input class="ua_bu" type="button" value="确定" id="sub-
mit" style="margin-left: 91px; margin-top: 0px;" />
25                  </div>
26              </form>
27          </div>
28      </div>
29  </div>
```

当在转账页面输入对方账号、对方姓名、转账金额、验证码等信息后,单击【确定】按钮即可完成向对方账户进行转账的操作。在实现过程中,首先进行一系列的验证(见以下代码第3~31行),然后弹出一个支付验证对话框。在验证通过后,会发送一个POST请求到服务器进行转账操作(见以下代码第33~68行)。根据服务器返回的结果,显示相应的提示信息。如果转账成功,会显示"成功提示",并在3 s后跳转到transfer. html页面。具体逻辑代码的实现如下所示。

代码功能:账户充值逻辑功能部分代码。

```
1   // 当点击提交按钮时触发的事件处理函数
2   $("#submit").click(function() {
3       // 获取输入框中的验证码、金额、对方手机号和对方姓名,去除两端的空白字符
4       var code = $.trim($("#code").val());
5       var money = $.trim($("#money").val());
6       var phone = $.trim($("#fromPhone").val());
7       var name = $.trim($("#name").val());
8
9       // 检查对方手机号是否有效
10      if (!validateUtil.validatePhone(phone)) {
11          asyncbox.tips("请输入对方手机号码", asyncbox.Level.error);
12          return;
```

```
13        }
14
15        // 检查对方姓名是否为空
16        if (!validateUtil.validateEmpty(name)) {
17            asyncbox.tips("请输入对方姓名", asyncbox.Level.error);
18            return;
19        }
20
21        // 检查转账金额是否有效
22        if (!validateUtil.validateMoney(money)) {
23            asyncbox.tips("请输入有效转账金额", asyncbox.Level.error);
24            return;
25        }
26
27        // 检查验证码是否符合要求
28        if (!validateUtil.validateCode(code, 6)) {
29            asyncbox.tips("请输入6位有效验证码", asyncbox.Level.error);
30            return;
31        }
32
33        // 弹出支付验证对话框
34        asyncbox.open({
35            id : "checkPasswd",
36            title : "支付验证",
37            width : 350,
38            height : 200,
39            btnsbar : $.btn.OKCANCEL,
40            callback : function(action, opener) {
41                if (action=='ok') {
42                    // 获取支付密码,并构造需要发送的数据对象
43                    var passwd= $.trim($("#passwd").val());
44                    var date={
45                        password : passwd,
46                        amount : money,
47                        validationCode : code,
48                        targetUserPhone : phone,
49                        targetUserName : name
50                    }
51
52                    // 发送POST请求到 /wallet/transferToWallet.do
53                    $.postAjax("/wallet/transferToWallet.do", date, function
(json) {
```

```
54                    // 如果返回的 JSON 对象中有错误代码(code),则显示错误提示并返回
55                    if (json.code) {
56                        asyncbox.tips(json.message, asyncbox.Level.error);
57                        return;
58                    }
59
60                    // 显示成功提示,并在 3 秒后跳转到 transfer.html 页面
61                    asyncbox.tips(json.message, asyncbox.Level.success);
62                    setTimeout(function() {
63                        window.location="transfer.html";
64                    }, 3000);
65                });
66            }
67        }
68    });
69  });
```

最后,我们再看账单功能的实现。账单功能主要显示历史的订单交易信息,以及账户的当前余额。我们可以在本功能中了解用户历史交易的信息,也能对当前的余额情况进行了解。账单功能部分的页面代码如下所示。

代码功能:账单页面部分代码。

```
1   <div class="content_z_right clear">
2     <div class="header_top">
3        <h2 class="header_top font">账单</h2>
4        <p class="header_top right">
5            账户可用余额为:<span id="canUseMoney">0.00</span>元
6        </p>
7     </div>
8     <div class="clr"></div>
9     <div class="header_content">
10       <div class="header_content_center">
11          <table cellspacing="0" id="table"></table>
12       </div>
13    </div>
14    <div id="tcdPage"></div>
15    <div class="tcdPageCode"></div>
16  </div>
```

当账单页面加载时,系统会通过向/wallet/findWalletRecords. do 服务器端接口获取当前用户的账单信息,然后以分页的形式显示在页面上。在实现过程中,系统发送了两个 POST 请求,分别获取用户的钱包记录和账户余额,并根据返回的数据进行相应的处理。此部分的功能代码如下所示。

代码功能：账单逻辑功能部分代码。

```
1    // 初始化函数, 接受类型(type)、字符串(str)、每页大小(pageSize)和页码(pageNo)作为
     参数
2    function init(type, str, pageSize, pageNo) {
3        // 清空表格内容
4        $("#table").empty();
5
6        // 发送 POST 请求获取钱包记录
7        $.postAjax("/wallet/findWalletRecords.do", {},
8            function(json) {
9                if (json.code) {
10                   asyncbox.tips(json.message, asyncbox.Level.error);
11                   return;
12               }
13
14                   // 移除之前的分页元素和记录提示
15                   $(".tcdPageCode").remove();
16                   $("#recordP").remove();
17
18                   // 添加新的分页元素
19                   $("#tcdPage").append("<div class='tcdPageCode'></div>");
20
21                   // 获取返回的数据数组
22                   var data=json.data ||[];
23
24                   // 判断数据是否为空
25                   if (data.length) {
26                       // 如果有数据,将数据添加到表格中
27                       append(data);
28
29                       // 计算总页数
30                       var Pages=Math.ceil(json.total / 6);
31                       if (Pages==0) {
32                           Pages=1;
33                       }
34
35                       // 创建分页控件
36                       $(".tcdPageCode").createPage({
37                           pageCount: Pages,
38                           current:1,
39                           backFn: function(p) {
40                               // 点击分页按钮时,发送新的请求获取对应页的数据
```

```
41                        var data1 ={
42                            pageSize: pageSize,
43                            pageNo: p,
44                            status: type
45                        }
46                        $.postAjax("/wallet/findWalletRecords.do", data1,
47                            function(json) {
48                                if (json.code) {
49                                    asyncbox.tips(json.message, asyncbox. Level.
error);
50                                    return;
51                                }
52                                // 清空表格内容
53                                $("#table").empty();
54                                // 获取返回的数据数组
55                                var data=json.data ||[];
56
57                                // 判断数据是否为空
58                                if (data.length) {
59                                    // 如果有数据,将数据添加到表格中
60                                    append(data);
61                                }
62                            }
63                        );
64                    }
65                });
66            } else {
67                // 如果没有数据,显示暂无记录的提示
68                $(".content_z_right").append(
69                    "<p id='recordP'align='center'style='margin-top:30px;
font-size:20px;font-weight:bold'><a href='index.html'>暂无此类型记录~ ~</a></p>"
70                );
71            }
72        }
73    );
74
75    // 获取账户余额
76    $.postAjax("/wallet/findWallet.do", {}, function(json) {
77        if (json.code) {
78            asyncbox.tips(json.message, asyncbox.Level.error);
79            return;
80        }
```

```
81
82          // 将获取到的余额显示在页面中
83          $("#canUseMoney").text(parseFloat(json.data.balance).toFixed(2));
84      }, function() {});
85  }
```

▶ 课堂实践

　　根据个人中心功能模块任务的实施要求，完成本模块页面结构、样式设计、逻辑功能部分的代码编写，并做好相应的代码调试。

项目3

电子商务系统服务器端开发

任务3.1　网站系统后台权限管理

▶ **教学任务**

目标：掌握登录操作的业务处理逻辑，实现登录操作。

重点：掌握 session 的设置和获取方法。

难点：使用 MyBatis 拼凑 sql 语句，使用 redirect 实现页面跳转。

▶ **教学内容**

■ **知识点** ■

表单元素值获取，MyBatis SQL 优化，session 记录用户信息，页面跳转，权限验证。

子任务3.1.1　后台系统权限控制

■ **任务实施** ■

1. 功能说明

出于对系统安全性的考虑，用户在访问管理端时需要进行身份认证，即通过用户名和密码识别用户的身份；对于没有通过认证的用户则不允许访问，如图3.1所示。后台系统采用典型的用户–角色结构。

（1）系统预设系统管理员、商品管理员和订单管理员三种角色，系统管理员可以再酌情新增其他角色。

（2）每种角色可以包含多个用户，一个用户只能属于一个角色。

（3）系统管理员负责添加所有用户并将其与对应角色关联。

图 3.1 登录页面

2. 代码实现

（1）在 WebContent/html 文件下创建 login. html，具体实现代码详见项目包附件/Lexian-Manager/WebContent/html/login. html。

（2）在 com. chinasofti. lexian. manager. privilege. vo 中创建 Administrator 类，具体实现代码如下。

```
public class Administrator {
    private int userid;
    private String userName;
    private List<String> role;
    private List<String> url;
  // 对应属性的 get 和 set 方法
  ...
}
```

（3）在 com. chinasofti. lexian. manager. privilege. controller 中创建 PrivilegeControlle 类，并添加/login. do 映射，具体实现代码如下。

```
package com.chinasofti.lexian.manager.privilege.controller;
import…
@Controller
@RequestMapping("/login")
public class PrivilegeController extends BaseController {
  private PrivilegeService privilegeService;
  @Autowired
  public void setPrivilegeService(PrivilegeService privilegeService) {
      this.privilegeService=privilegeService;
  }

  // 用户登录
  @RequestMapping("/login.do")
  @ResponseBody
  public ResultHelper login(LoginVo loginVo, HttpServletRequesthttpServletRequest) {
```

```
    try {
        ParamValidateUtil.validateNull (loginVo, PrivilegeConstant.invalid_
arguments);
        ParamValidateUtil.validateEmpty (loginVo.getUserName ( ), PrivilegeCon-
stant.invalid_arguments);
        ParamValidateUtil.validateEmpty (loginVo.getPassWord ( ), PrivilegeCon-
stant.invalid_arguments);
    } catch (ParamNotValidException e) {
        return new ResultHelper(Constant.failed_code, e.getMessage());
    }
    return privilegeService.login(loginVo,httpServletRequest);
}
@ RequestMapping("/getSession.do")
@ ResponseBody
public ResultHelper getSession(HttpServletRequest httpServletRequest){
    return privilegeService.getSession(httpServletRequest);
}
…
}
```

（4）在 com. chinasofti. lexian. manager. privilege. dao 中创建 PrivilegeDao 接口，并添加 login 方法，具体实现代码如下。

```
public LoginVo login(LoginVo loginVo);
```

（5）在 com. chinasofti. lexian. manager. privilege. dao. impl 中创建 PrivilegeDaoImpl 类，并添加 login 实现方法，具体实现代码如下。

```
@ Override
    public LoginVo login(LoginVo loginVo) {
        return selectOne("login", loginVo);
    }
```

（6）在 com. chinasofti. lexian. manager. privilege. service 中创建 PrivilegeService 接口，并添加 login 方法，具体实现代码如下。

```
public ResultHelper login(LoginVo loginVo,HttpServletRequest httpServletRequest);
```

（7）在 com. chinasofti. lexian. manager. privilege. service. impl 中创建 PrivilegeServiceImpl 类，并添加 login 实现方法，具体实现代码如下。

```
package com.chinasofti.lexian.manager.privilege.service.impl;

import java.sql.Timestamp;
import java.util.Date;
```

```
import java.util.List;
…
@Service
@Transactional
public class PrivilegeServiceImpl extends BaseService implements PrivilegeService {
    private PrivilegeDao privilegeDao;
    @Autowired
    public void setPrivilegeDao(PrivilegeDao privilegeDao) {
        this.privilegeDao=privilegeDao;
    }
    @Override
    public ResultHelper login(LoginVo loginVo, HttpServletRequest httpServle-
tRequest) {
        // 检查用户名和密码是否匹配
        LoginVo loginInfo=privilegeDao.login(loginVo);
        if (loginInfo==null) {
            return new ResultHelper(Constant.failed_code, PrivilegeConstant.
failed_login);
        }
        if (loginInfo.getStatus()==2) { // 用户被禁止使用
            return new ResultHelper(Constant.failed_code, PrivilegeConstant.login_
disabled);
        }
        // 获取该用户所属的所有角色
        List<String> roleIds = privilegeDao.findAllRole(String.valueOf(loginIn-
fo.getUserId()));
        // 获取该用户所有能访问的 url 地址列表
        List<String>urList=getUrl(loginInfo.getUserId());

        Administrator administratorInfo=newAdministrator();
        administratorInfo.setUrl(urList);
        administratorInfo.setMenus(getMenus(loginInfo.getUserId()));
        administratorInfo.setUserid(loginInfo.getUserId());
        administratorInfo.setUserName(loginInfo.getUserName());
        administratorInfo.setRoleId(roleIds);

        HttpSession session=httpServletRequest.getSession(true);
        session.setAttribute("user", administratorInfo);
        loginInfo.setLogTime(newDate());
        // 不要在对象中存储密码信息
        loginInfo.setPassWord(null);
```

```
        return new ResultHelper(Constant.success_code, PrivilegeConstant.success,
loginInfo);
    }
```

运行结果：

输入用户名、密码（用户名：13800138000，密码：123456），单击【登录】按钮，跳转到系统首页，如图 3.2 所示。

图 3.2　系统首页

▶ 课堂实践

成功登录系统后，单击导航栏的【权限管理】，进入【查看权限】页面，如图 3.3 所示（同学们可以分组共同完成子任务 3.1.1 的功能）。

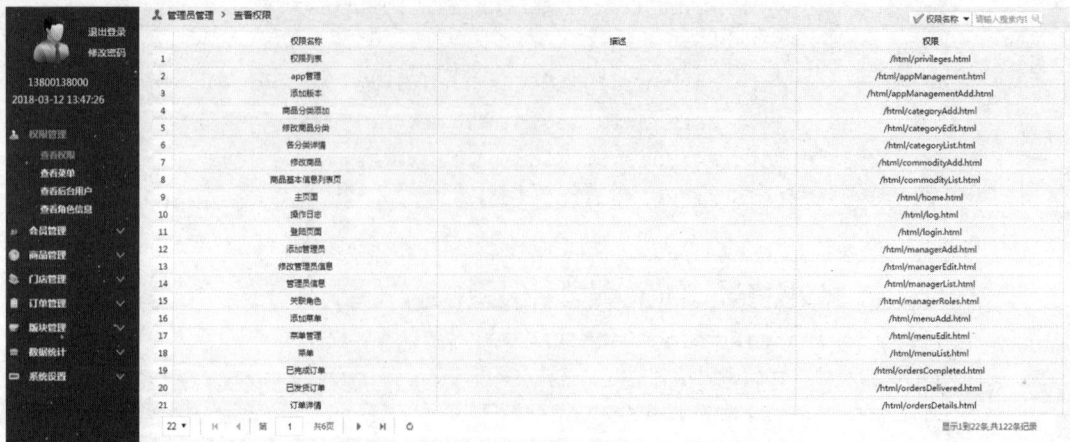

图 3.3　【查看权限】页面

子任务 3.1.2　新增后台用户

▶ 教学任务

目标：实现后台用户的添加操作。

重点：添加页面设计，保存添加数据。

难点：使用 MyBatis 实现添加操作。

■ **任务实施** ■

1. 功能说明

如图 3.4 所示，单击左侧【权限管理】下的【查看后台用户】菜单，单击【添加】按钮，进入【添加】页面，输入用户信息后，单击【保存】按钮，跳转到【查看管理员信息】页面。

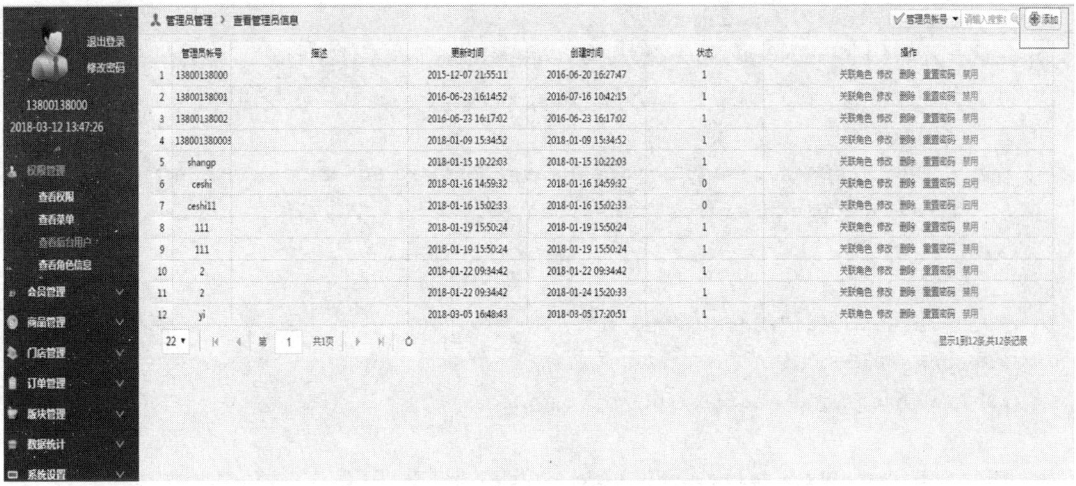

图 3.4　查看管理员信息页面

2. 代码实现

（1）在 WebContent 下创建 managerAdd. html，具体实现代码详见项目包附件/LexianManager/WebContent/html/managerAdd. html。

（2）在 com. chinasofti. lexian. manager. management. vo 中创建 ManagerVo 类，具体实现代码如下。

```
1    public record managerVo(
2        int id,
3        String name,
4        Status status,
5        page<ManagerPo>page
6    ){
7        enum status{
8        ACTIVE("激活"),FROZEN("冻结");
```

```
9      final string text;
10     }
11
12     public statusText(){
13       return status text();
14     }
15 }
```

（3）在 com. chinasofti. lexian. manager. management. controller 中创建 ManagementControlle
类，并添加/addManager. do 映射，具体实现代码如下。

```
package com.chinasofti.lexian.manager.management.controller;
…
@Controller
@RequestMapping("/management")
public class ManagementController extends BaseController {
  private ManagementService managementService;
  @Autowired
  public void setManagementService(ManagementService managementService) {
      this.managementService=managementService;
  }
  // 添加后台用户
  @RequestMapping("/addManager.do")
  @ResponseBody
  public Object addManager(ManagerVo managerVo) {
      try {
ParamValidateUtil.validateNull(managerVo.getRoleIds(),ManagementConstant. in-
valid_arguments);
          ParamValidateUtil.validateEmpty(managerVo.getManagerName(), Management-
Constant. invalid_arguments);
          ParamValidateUtil.validateEmpty(managerVo.getPassword(), Management-
Constant. invalid_arguments);
          ParamValidateUtil.validateMaxLength(managerVo.getManagerName(), 20,
ManagementConstant.invalid_arguments);
          ParamValidateUtil.validateMaxLength(managerVo.getPassword(), 40,
ManagementConstant.invalid_arguments);
      } catch (ParamNotValidException e) {
          return new ResultHelper(e.getCode(), e.getMessage());
      }
      return managementService.addManager(managerVo);
  }
```

（4）在 com. chinasofti. lexian. manager. management. dao 中创建 ManagementDao 接口，并添加 addManager 方法，具体实现代码如下。

```
public void addManager(ManagerPo po);
```

（5）在 com. chinasofti. lexian. manager. management. dao. impl 中创建 ManagementDaoImpl 类，并添加 addManager 实现方法，具体实现代码如下。

```
@Repository
public class ManagementDaoImpl extends BaseDao implements ManagementDao {
@Override
    public void addManager(ManagerPo po) {
        insert("addManager", po);
    }
    …
}
```

（6）在 com. chinasofti. lexian. manager. management. service 中创建 ManagementService 接口，并添加 addManager 方法，具体实现代码如下。

```
public ResultHelper addManager(ManagerVo managerVo);
```

（7）在 com. chinasofti. lexian. manager. management. service. impl 中创建 ManagementServiceImpl 类，并添加 addManager 实现方法，具体实现代码如下。

```
package com.chinasofti.lexian.manager.management.service.impl;
…
@Service
@Transactional
public class ManagementServiceImpl extends BaseService implements ManagementService {
    private ManagementDao managementDao;
    @Autowired
    public void setManagementDao(ManagementDao managementDao) {
        this.managementDao=managementDao;
    }


    @Override
    public ResultHelper addManager(ManagerVo managerVo) {
        ManagerPo po=new ManagerPo();
        po.setName(managerVo.getManagerName());
        po.setPassword(managerVo.getPassword());
        po.setInfo(managerVo.getDescription());
        // 添加后台用户
        managementDao.addManager(po);
```

```
    // 为后台用户关联角色
    String[] str=managerVo.getRoleIds().split(",");
    ManagerRolePo mr=newManagerRolePo();
    mr.setManager_id(po.getId());
    for (String string :str) {
        mr.setRole_id(Integer.valueOf(string));
        managementDao.addManagerRole(mr);
    }
    return new ResultHelper(Constant.success_code, ManagementConstant.success);
    }
}
```

（8）在 mappers 文件下创建 ManagementDaoImpl. xml，填写 MyBatis 映射文件 sql。

```xml
<?xml version="1.0"encoding="UTF-8"?>
<mapper namespace="com.chinasofti. lexian. manager. management. dao. impl. Mana-
gementDaoImpl">
<insert id="addManager"useGeneratedKeys="true"keyProperty="id">
        INSERT INTO manager(name, password, info, createtime, updatetime, status)
        VALUES(#{name}, #{password}, #{info}, now(), now(), 1)
    </insert>
<update id="updateManager">
        UPDATE manager SET info=#{info}, updatetime=now()
        WHERE id=#{id}
    </update>
<delete id="deleteManager">
        DELETE FROM manager WHERE id=#{managerId}
    </delete>
...
```

运行结果：

输入用户信息后，单击【保存】按钮，跳转到【添加管理员信息】页面，如图 3.5 所示。

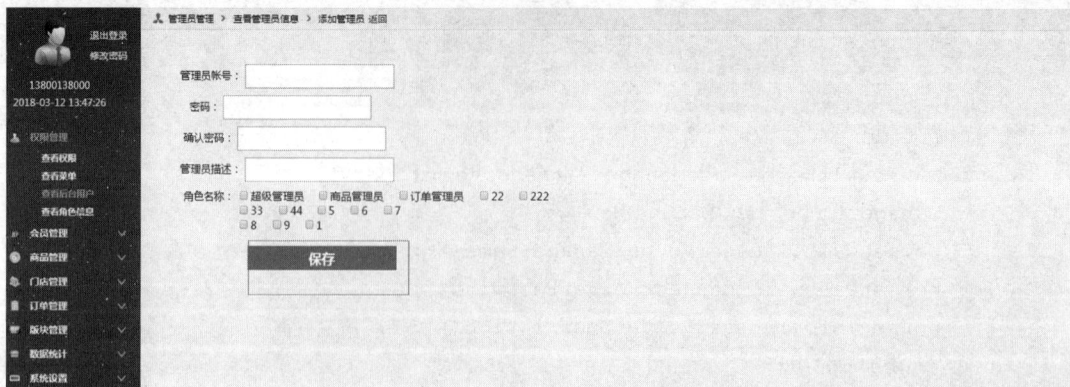

图 3.5　添加管理员信息页面

▶ **课堂实践**

登录系统后，单击导航栏的【权限管理】，进入【查看菜单】，如图 3.6 所示。同学们可以分组共同完成以下功能。

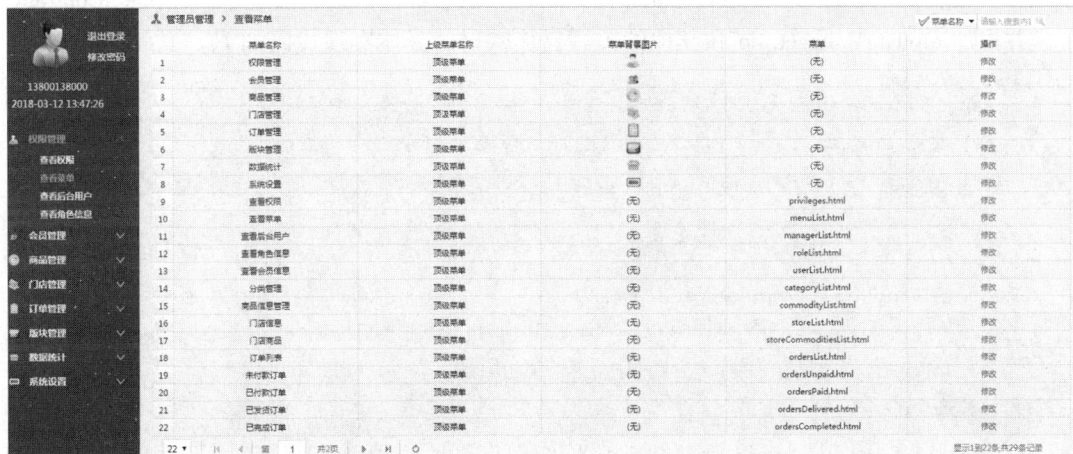

图 3.6　查看菜单页面

子任务 3.1.3　修改后台用户

▶ **教学任务**

目标：实现后台用户的修改操作。

重点：修改页面设计，保存修改数据。

难点：使用 MyBatis 实现修改操作。

■ 任务实施 ■

1．功能说明

如图 3.7 所示，单击左侧【权限管理】下的【管理员管理】菜单，单击【修改】按钮，进入【修改】页面，输入用户信息后，单击【保存】按钮，跳转到【查看管理员信息】页面。

图 3.7　单击【修改】按钮

2. 代码实现

（1）在 WebContent/html 文件下创建 managerEdit. html，具体实现代码详见项目包附件/LexianManager/WebContent/html/managerEdit. html。

（2）在 com. chinasofti. lexian. manager. management. vo 中创建 ManagerVo 类。

（3）在 com. chinasofti. lexian. manager. management. controller 中创建 ManagementController 类，并添加/updateManager. do 和其他的关联操作映射，具体实现代码如下。

```
package com.chinasofti.lexian.manager.management.controller;
import org.springframework.beans.factory.annotation.Autowired;
import org.springframework.stereotype.Controller;
…
@Controller
@RequestMapping("/management")
public class ManagementController extends BaseController {
    private ManagementService managementService;
    @Autowired
    public void setManagementService(ManagementService managementService) {
        this.managementService=managementService;
    }

  // 更新后台用户基本信息
    @RequestMapping("/updateManager.do")
    @ResponseBody
    public Object updateManager(ManagerVo managerVo) {
        try {
            ParamValidateUtil.validateEmpty(managerVo.getDescription(), Mana-
gementConstant.invalid_arguments);
            ParamValidateUtil.validateEmpty(managerVo.getManagerId(), ManagementCon-
stant.invalid_arguments);
            ParamValidateUtil.validateMaxLength(managerVo.getDescription(), 200, Mana-
gementConstant.invalid_arguments);
        } catch (ParamNotValidException e) {
            return new ResultHelper(e.getCode(), e.getMessage());
        }
        return managementService.updateManager(managerVo);
    }

  // 将角色与后台用户进行关联

    @ResponseBody
    @RequestMapping("/updateManagerRole.do")
    public Object updateManagerRoles(int managerId, String roleIds){
```

```
        return managementService.updateManagerRoles(managerId, roleIds);
    }

    // 查找某后台用户所属的角色
    @RequestMapping("/findManagerRoles.do")
    @ResponseBody
    public Object findManagerRoles(int managerId) {
        try {
            ParamValidateUtil.validateEmpty(managerId, ManagementConstant. in-
valid_arguments);
        } catch (ParamNotValidException e) {
            return new ResultHelper(e.getCode(), e.getMessage());
        }
        return managementService.findManagerRoles(managerId);
    }
```

（4）在 com. chinasofti. lexian. manager. management. dao 中创建 ManagementDao 接口，并添加 updateManager 实现方法，具体实现代码如下。

```
public void updateManager(ManagerPo po);
```

（5）在 com. chinasofti. lexian. manager. management. dao. impl 中创建 ManagementDaoImpl 类，并添加 updateManager 实现方法，具体实现代码如下。

```
@Repository
public class ManagementDaoImpl extends BaseDao implements ManagementDao {
    @Override
    public void updateManager(ManagerPo po) {
        update("updateManager", po);
    }…
}
```

（6）在 com. chinasofti. lexian. manager. management. service 中创建 ManagementService 接口，并添加 updateManager 实现方法，具体实现代码如下。

```
public ResultHelper updateManager(ManagerVo managerVo);
```

（7）在 com. chinasofti. lexian. manager. management. service. impl 中创建 ManagementServiceImpl 类，并添加 updateManager 实现方法，具体实现代码如下。

```
package com.chinasofti.lexian.manager.management.service.impl;

import java.util.ArrayList;
import java.util.Map;
…
```

```
@Service
@Transactional
public class ManagementServiceImpl extends BaseService implements ManagementService {
    private ManagementDao managementDao;

    @Autowired
    public void setManagementDao(ManagementDao managementDao) {
        this.managementDao=managementDao;
    }

    @Override
    public ResultHelperupdateManager(ManagerVomanagerVo) {
        ManagerPo po=new ManagerPo();
        po.setId(managerVo.getManagerId());
        po.setInfo(managerVo.getDescription());
        managementDao.updateManager(po);
        return new ResultHelper(Constant.success_code,ManagementConstant.success);
    }
    @Override
    public ResultHelper updateManagerRoles(int managerId, String roleIds) {
        managementDao.deleteManagerRoles(managerId);
        String[] str=roleIds.split(",");
        ManagerRolePo managerRole=new ManagerRolePo();
        managerRole.setManager_id(managerId);
        for (String string :str) {
            managerRole.setRole_id(Integer.valueOf(string));
            managementDao.addManagerRole(managerRole);
        }
        return new ResultHelper(Constant.success_code,ManagementConstant.success);
    }

    @Override
    public ResultHelper deleteManagement(int managerId) {
        managementDao.deleteManagerRoles(managerId);
        managementDao.deleteManager(managerId);
        return new ResultHelper(Constant.success_code,ManagementConstant.success);
    }
}
```

（8）在 mappers 文件下创建 ManagementDaoImpl. xml，填写 MyBatis 映射文件 sql。

```xml
<?xml version="1.0"encoding="UTF-8"?>
<mapper namespace="com.chinasofti.lexian.manager.management.dao.impl.Manage-
mentDaoImpl">


<update id="updateManager">
        UPDATE manager SET info=#{info}, updatetime=now()
        WHERE id=#{id}
</update>
<select id="findManagerRoles"resultType="RolePo">
        SELECT role.id, role.name, role.description
        FROM role INNER JOIN role_manager ON role.id=role_manager.role_id
        WHERE role_manager.manager_id=#{managerId}
</select>
<delete id="deleteManager">
        DELETE FROM manager WHERE id=#{managerId}
</delete>
...
```

运行步骤及结果如下。

单击左侧【权限管理】下的【查看后台用户】菜单，单击【修改】按钮，进入【修改】页面，输入信息后，单击【保存】按钮，跳转到【查看后台用户】列表页面，如图 3.8 所示。

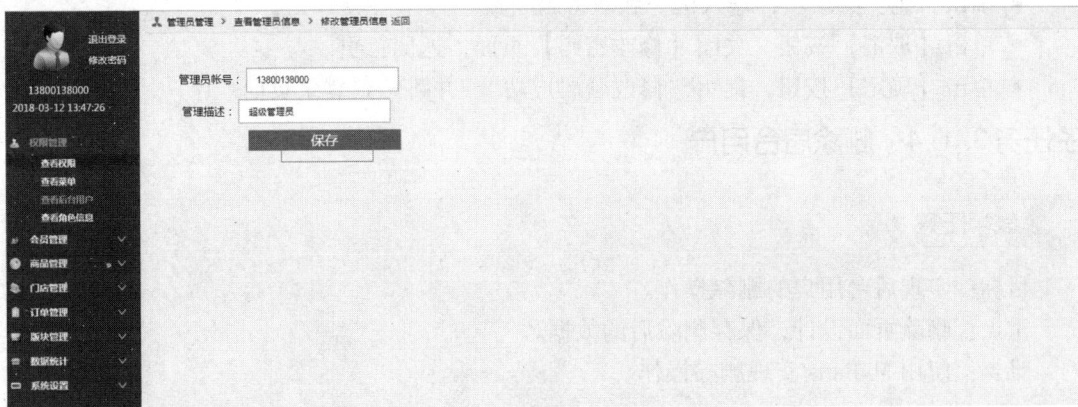

图 3.8　修改页面

▶ 课堂实践

成功登录系统后，单击导航栏的【修改密码】，如图 3.9 所示。同学们可以分组共同完成以下功能。

图 3.9 修改密码页面

提示：

- 在首页中单击【修改密码】按钮，进入【修改密码】页面。
- 旧密码：必填项，输入框，长度为 6～16 字符。
- 新密码：必填项，输入框，长度为 6～16 字符。
- 确认密码：必填项，输入框，和新密码一致。
- 单击【取消】按钮，关闭【修改密码】页面，返回首页。
- 单击【确定】按钮，提示"修改密码成功"，并跳转到登录页面。

子任务 3.1.4 删除后台用户

▶ 教学任务

目标：实现后台用户的删除操作。

重点：删除页面设计，保存删除后的数据。

难点：使用 MyBatis 实现删除操作。

▶ 教学内容

■ 知识点 ■

数据绑定，MyBatis 动态 sql，页面跳转，删除操作。

■ 任务实施 ■

1. 功能说明

单击左侧【权限管理】下的【查看后台用户】菜单，单击【删除】按钮，进入【删除】页面，输入用户信息后，单击【保存】按钮，跳转到【查看后台用户】列表页面，如图 3.10 所示。

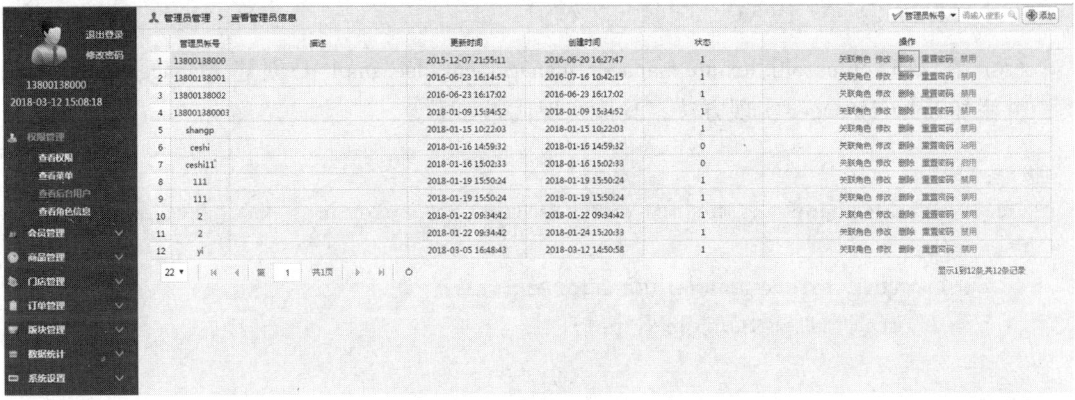

图 3.10 　单击删除按钮

2. 代码实现

（1）在 WebContent/html 文件下的 managerList. html 中添加删除操作 js，具体实现代码详见项目包附件/LexianManager/WebContent/html/managerList. html。

（2）在 com. chinasofti. lexian. manager. management. vo 中创建 ManagerVo 类，具体实现代码详见项目包附件 com. chinasofti. lexian. manager. management. vo. ManagerVo。

（3）在 com. chinasofti. lexian. manager. management. controller 中创建 ManagementController 类，并添加/deleteManager. do 映射，具体实现代码如下。

```
package com.chinasofti.lexian.manager.management.controller;
…
@Controller
@RequestMapping("/management")
    // 删除后台用户
    @RequestMapping("/deleteManager.do")
    @ResponseBody
    public Object deleteManager(intmanagerId) {
        try {
            ParamValidateUtil.validateEmpty(managerId, ManagementConstant.invalid_
arguments);
        } catch (ParamNotValidException e) {
            return new ResultHelper(e.getCode(), e.getMessage());
        }
        return managementService.deleteManagement(managerId);
    }
```

（4）在 com. chinasofti. lexian. manager. management. dao 中创建 ManagementDao 接口，并添加 deleteManager 实现方法，具体实现代码如下。

```
public void deleteManager(ManagerPo po);
```

（5）在 com. chinasofti. lexian. manager. management. dao. impl 中创建 ManagementDaoImpl 类，并添加 deleteManager 实现方法，具体实现代码如下。

```
@Repository
public class ManagementDaoImpl extends BaseDao implements ManagementDao {
@Override
    public void deleteManager(ManagerPo po) {
        delete("deleteManager", po);
    }…
}
```

（6）在 com. chinasofti. lexian. manager. management. service 中创建 ManagementService 接口，并添加 deleteManager 实现方法，具体实现代码如下。

```
public ResultHelper deleteManager(ManagerVo managerVo);
```

（7）在 com. chinasofti. lexian. manager. management. service. impl 中创建 ManagementServiceImpl 类，并添加 deleteManager 实现方法，具体实现代码如下。

```
package com.chinasofti.lexian.manager.management.service.impl;
…
@Service
@Transactional
public class ManagementServiceImpl extends BaseService implements ManagementService {
    private ManagementDao managementDao;
    @Autowired
    public void setManagementDao(ManagementDao managementDao) {
        this.managementDao=managementDao;
    }
    @Override
    public ResultHelper deleteManagement(int managerId) {
        managementDao.deleteManagerRoles(managerId);
        managementDao.deleteManager(managerId);
        return new ResultHelper(Constant.success_code, ManagementConstant.success);
    }
}
```

（8）在 mappers 文件下创建 ManagementDaoImpl. xml，填写 MyBatis 映射文件 sql。

```xml
<?xml version="1.0"encoding="UTF-8"?>
<mapper namespace="com.chinasofti.lexian.manager.management.dao.impl.Management
DaoImpl">
<delete id="deleteManager">
        DELETE FROM manager WHERE id=#{managerId}
</delete>
...
```

运行步骤及结果如下。

单击左侧【权限管理】下的【查看后台用户】菜单，单击【删除】按钮，弹出【确认框】，单击【确定】按钮，信息将被删除，【确认框】被关闭，回到【查看后台用户】列表页，如图 3.11 所示。

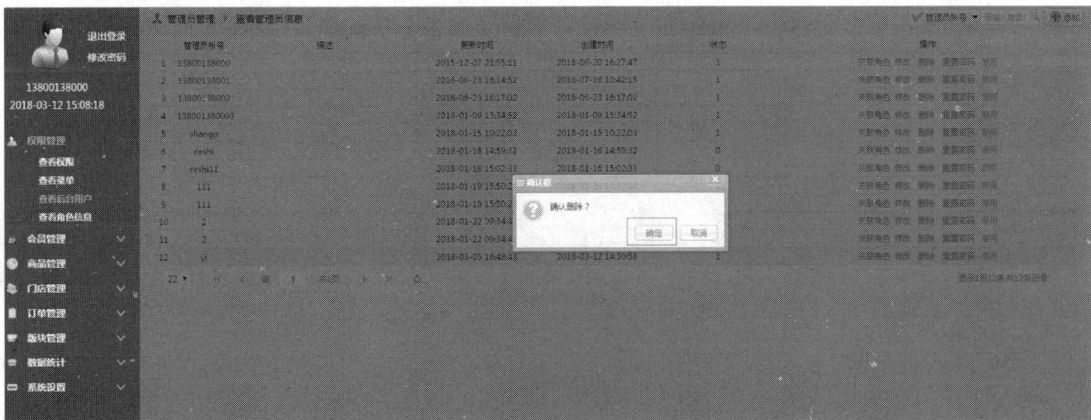

图 3.11　确认删除后台用户页面

▶ 课堂实践

单击左侧【权限管理】模块下的【查看后台用户】菜单，单击【重置密码】按钮，弹出【是否重置密码】提示框，单击【确定】按钮，密码将被重置，提示框被关闭，回到【查看后台用户】列表页。

任务 3.2　网站系统后台会员管理

▶ 教学任务

目标：实现会员管理的查询操作。

重点：会员管理页面设计，查询数据显示。

难点：使用 MVC 分层架构实现查询操作。

▶ 教学内容

■ **知识点** ■

数据调用，动态 sql，页面跳转，查询操作。

子任务 3.2.1　查询会员

■ **任务实施** ■

1. 功能说明

系统管理员和订单管理员可以查看、搜索商城所有前端消费者的账号信息。查询结果被分页显示。登录系统后，单击导航栏的【会员管理】下的【查看会员信息】，如图 3.12 所示。

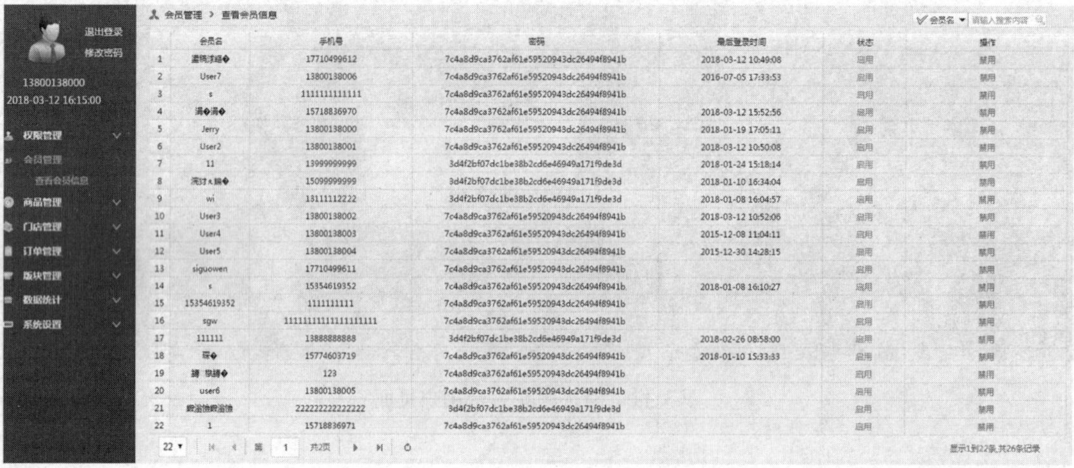

图 3.12　查看会员信息页面

2. 代码实现

（1）在 WebContent/html 文件下创建 userList. html，具体实现代码详见项目包附件/Lex-ianManager/WebContent/html/userList. html。

（2）在 com. chinasofti. lexian. manager. user. vo 中创建 UserVo 类，主要实现代码如下。

```
package com.chinasofti.lexian.manager.user.vo;
import com.chinasofti.lexian.manager.common.util.PageHelper;
public class UserVo extends PageHelper<UserVo> {
    private String id;
    private String sex;
    private String username;
    private String mail;
    private String status;
```

```
private String phone;
private String password;
// 对应属性的 get 和 set 方法
```

（3）在 com. chinasofti. lexian. manager. user. controller 中创建 UserController 类，并添加/findUsers. do 映射，具体实现代码如下。

```
package com.chinasofti.lexian.manager.user.controller;
import org.springframework.beans.factory.annotation.Autowired;
…
@Controller
@RequestMapping("/user")
public class UserController extends BaseController {

    private UserService userService;

    @Autowired
    public void setUserService(UserService userService) {
        this.userService=userService;
    }
    // 分页查找会员数据
    @RequestMapping("findUsers.do")
    @ResponseBody
    public Object findUsers(UserVo userVo){
        return userService.findUsers(userVo);
    }
    …
}
```

（4）在 com. chinasofti. lexian. manager. user. dao 中创建 UserDao 接口，并添加 findUsers 实现方法，具体实现代码如下。

```
public List<UserPo>findUsers(UserVo userVo);
```

（5）在 com. chinasofti. lexian. manager. user. dao. impl 中创建 UserDaoImpl 类，并添加 findUsers 实现方法，具体实现代码如下。

```
@Repository
public class UserDaoImpl extends BaseDao implements UserDao {
    @Override
    public List<UserPo>findUsers(UserVo userVo) {
        return selectList("findUsers", userVo);
    }
        …
    }
```

（6）在 com. chinasofti. lexian. manager. user. service 中创建 UserService 接口，并添加 find-Users 实现方法，具体实现代码如下。

```
public ResultHelper findUsers(UserVo userVo);
```

（7）在 com. chinasofti. lexian. manager. user. service. impl 中创建 UserServiceImpl 类，并添加 findUsers 实现方法，具体实现代码如下。

```
package com.chinasofti.lexian.manager.user.service.impl;
import org.springframework.beans.factory.annotation.Autowired;
…
@Service
@Transactional
public class UserServiceImpl extends BaseService implements UserService {

    private UserDao userDao;
    @Autowired
    public void setUserDao(UserDao userDao) {
        this.userDao=userDao;
    }
    @Override
    public ResultHelper findUsers(UserVo userVo) {
        return new ResultHelper(Constant.success_code, UserConstant.success,
                userDao.findUsers(userVo), userVo.getTotal());
    }
    …
}
```

（8）在 mappers 文件下创建 UserDaoImpl. xml，填写 MyBatis 映射文件 sql。

```
<?xml version="1.0"encoding="UTF-8"?>
<mapper namespace="com.chinasofti.lexian.manager.user.dao.impl.UserDaoImpl">
    <sql id="findUserCondition">
        <if test="username! =null and username! =' ' ">
            and username like concat("% ",#{username},"% ")
    </if>
    <if test="id! =null ">
        and id=#{id}
    </if>
    <if test="phone! =null ">
        and phone=#{phone}
    </if>
    <if test="status! =null">
        and status=#{status}
```

```
        </if>
    </sql>
    <!--查看前台注册用户信息 -->
    <select id="findUsers"resultType="UserPo">
        select
        id,sex,username,phone,mail,portrait,lastlogintime,status
        from user where 1=1
        <include refid="findUserCondition"></include>
    </select>
</mapper>
```

运行步骤及结果如下。

单击导航栏的【会员管理】下的【查看会员信息】，如图3.13所示。

图3.13 查看会员信息页面

▶ 课堂实践

单击左侧导航栏的【会员管理】下的【查看会员信息】，进入【查看会员信息】页面，根据手机号查询，查询结果如图3.14所示。

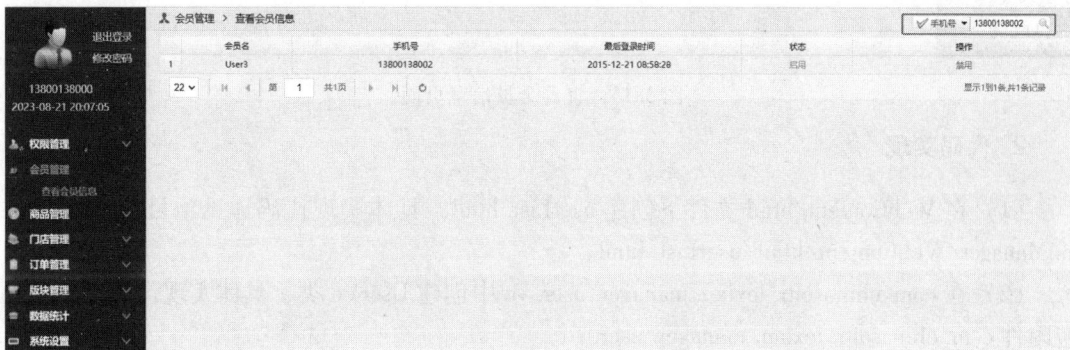

图3.14 根据手机号查询页面

123

子任务 3.2.2　电子商务系统后台会员禁用/启用

▶ 教学任务

目标：实现会员禁用/启用操作。

重点：会员类型设置。

难点：使用 MVC 分层架构实现修改操作。

▶ 教学内容

■ 知识点 ■

数据调用，动态 sql，页面跳转，修改操作。

■ 任务实施 ■

1. 功能说明

登录系统后，单击导航栏的【会员管理】下的【查看会员信息】，进入【查看会员信息】页面，单击【禁用】按钮，提示"禁用成功"；单击【启用】按钮，提示"启用成功"，如图 3.15 所示。

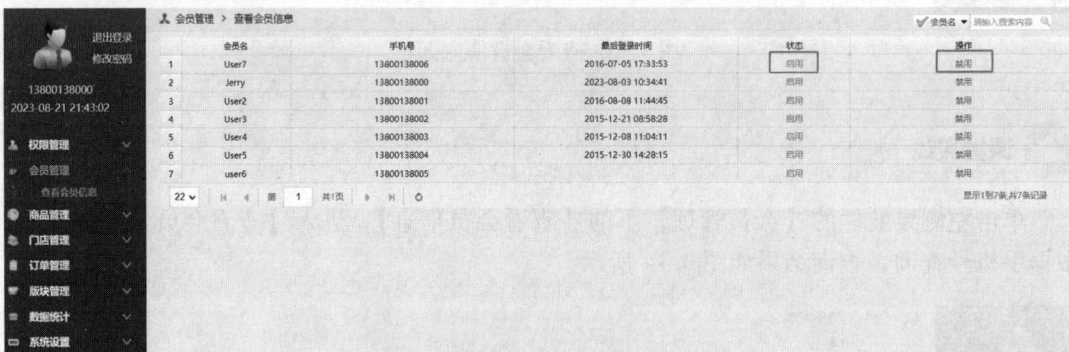

图 3.15　查看会员信息页面

2. 代码实现

（1）在 WebContent/html 文件下创建 userList. html，具体实现代码详见项目包附件/LexianManager/WebContent/html/userList. html。

（2）在 com. chinasofti. lexian. manager. user. vo 中创建 UserVo 类，具体实现代码详见项目包附件 com. chinasofti. lexian. manager. user. vo。

（3）在 com. chinasofti. lexian. manager. user. controller 中创建 UserController 类，并添加/updateUsers. do 映射，具体实现代码如下。

```
package com.chinasofti.lexian.manager.user.controller;
…
@Controller
@RequestMapping("/user")
public class UserController extends BaseController {
    // 更新会员信息
    @RequestMapping("updateUser.do")
    @ResponseBody
    public Object updateUserVo(@ModelAttribute UpdateUserVo udpateUser){
        try {
            if(udpateUser.getStatus()!=null){
                ParamValidateUtil.validatePositive(udpateUser.getStatus(), 0, 4,
                        UserConstant.invalid_arguments);
            }
            ParamValidateUtil.validateNull(udpateUser,UserConstant.invalid_argu-
ments);
            ParamValidateUtil.validateEmpty(udpateUser.getId(), UserConstant.invalid_
arguments);
        } catch (ParamNotValidException e) {
            logger.warn(e.getMessage());
            return new ResultHelper(e.getCode(), e.getMessage());
        }
        return userService.updateUserVo(udpateUser);
    }
}
```

（4）在 com. chinasofti. lexian. manager. user. dao 中创建 UserDao 接口，并添加 updateUserVo 实现方法，具体实现代码如下。

```
public int updateUserVo(UpdateUserVo updateUserVo);
```

（5）在 com. chinasofti. lexian. manager. user. dao. impl 中创建 UserDaoImpl 类，并添加 updateUserVo 实现方法，具体实现代码如下。

```
@Repository
public class UserDaoImpl extends BaseDao implements UserDao {
    @Override
    public int updateUserVo(UpdateUserVo updateUserVo) {
        return update("updateUser", updateUserVo);
    }
}
```

（6）在 com. chinasofti. lexian. manager. user. service 中创建 UserService 接口，并添加 up-dateUserVo 实现方法，具体实现代码如下。

```
public ResultHelper updateUserVo(UpdateUserVo udpateUser);
```

（7）在 com. chinasofti. lexian. manager. user. service. impl 中创建 UserServiceImpl 类，并添加 updateUserVo 实现方法，具体实现代码如下。

```
package com.chinasofti.lexian.manager.user.service.impl;
…
@Service
@Transactional
public class UserServiceImpl extends BaseService implements UserService {
    @Override
    public ResultHelper updateUserVo(UpdateUserVo udpateUser) {
        if (udpateUser.getPassword() !=null && udpateUser.getPassword() !="") {
    udpateUser.setPassword(SHA.instance.getEncryptResult(udpateUser.getPassword()));
        }
        userDao.updateUserVo(udpateUser);
        return new ResultHelper(Constant.success_code, UserConstant.success);
    }
}
```

（8）在 mappers 文件下创建 UserDaoImpl. xml，填写 MyBatis 映射文件 sql。

```
<?xml version="1.0"encoding="UTF-8"?>
<mapper namespace="com.chinasofti.lexian.manager.user.dao.impl.UserDaoImpl">
    <!--更新前台注册用户信息(启用,禁用)密码 -->
    <update id="updateUser">
        update user
        <trim suffixOverrides=",">
                set id=#{id},
            <if test="password! =null">
                passwd=#{password},
            </if>
            <if test="status! =null">
                status=#{status},
            </if>
        </trim>
        where id=#{id}
    </update>
</mapper>
```

运行步骤及结果如下。

如图 3.16 所示，单击导航栏的【会员管理】下的【查看会员信息】，进入【查看会员信息】页面，单击【禁用】按钮，提示"禁用成功"；单击【启用】按钮，提示"启用成功"。

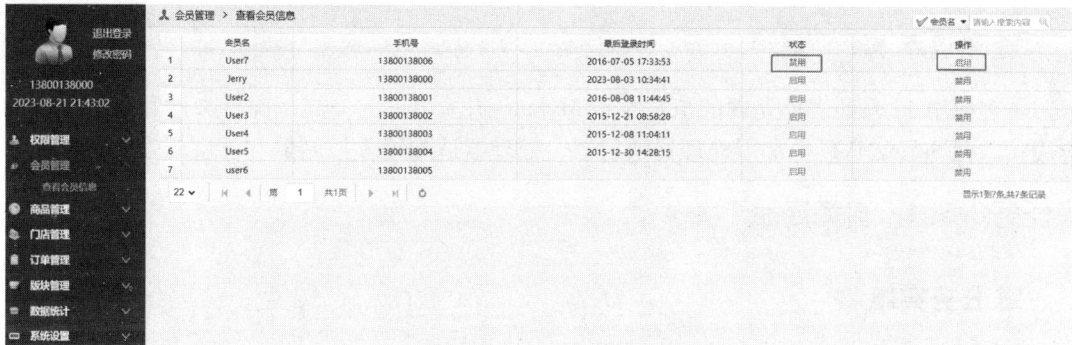

图 3.16　禁用/启用状态

课堂实践

如图 3.17 所示，单击左侧【权限管理】下的【查看后台用户】菜单，单击【禁用】按钮，提示"禁用成功"；单击【启用】按钮，提示"启用成功"。

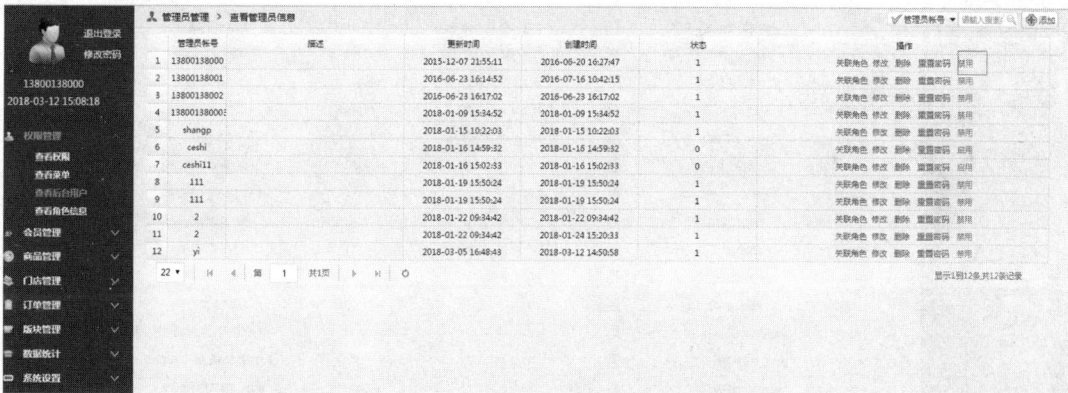

图 3.17　查看管理员信息页面

任务 3.3　网站系统后台商品管理

教学任务

目标：掌握查询商品的业务处理逻辑。

重点：掌握数据封装操作，掌握数据模糊查询。

难点：使用 MyBatis 实现模糊操作。

▶ **教学内容**

■ **知识点** ■

掌握使用 JS 验证表单元素的值，掌握 MyBatis 开发 dao 的方式，配置文件和映射文件的应用；掌握 SpringMVC 中常用处理器映射器，处理器适配器，控制器和注解开发。

子任务 3.3.1 查询商品

■ **任务实施** ■

1. 功能说明

如图 3.18 所示，登录系统后，单击导航栏左侧的【商品管理】下的【商品信息管理】，即可查询出所有商品信息；进入【商品信息管理】模块，即可显示出来商品信息搜索框，根据商品信息名称即可进行模糊查询。

图 3.18 商品基本信息查询

2. 代码实现

（1）此操作使用数据库中的 commodity 表，并对表进行模糊查询操作。在 mappers 文件下创建 CommodityDaoImpl. xml，添加 MyBatis 实现查询商品的 sql 语句。

```xml
<? xml version="1.0"encoding="UTF-8"?>
< mapper namespace = " com.chinasofti.lexian.manager.commodity.dao.impl.Commodity
DaoImpl">
    <!--获取商品基本信息列表 -->
    <select id="getCommodityList"resultType="CommodityPo">
        SELECT id, commodity_no, name, introduce, detailed, pictureurl,
```

```
createtime, updatetime, states FROM commodity WHERE 1=1
    <if test="commodityNo! =null">
        and commodity_no=#{commodityNo}
    </if>
    <if test="name! =null">
        and name like concat("% ",#{name},"% ")
    </if>
    <if test="categoryId! =0">
        and category_id=#{categoryId}
    </if>
    </select>
    </mapper>
```

（2）在 WebContent/html 文件下创建 commodityList. html，具体实现代码详见项目包附件/LexianManager/WebContent/html/commodityList. html。

（3）在 com. chinasofti. lexian. manager. commodity. vo 中创建 CommodityVo 类，主要实现代码如下。

```
package com.chinasofti.lexian.manager.commodity.vo;
import java.sql.Timestamp;
public class CommodityVo {
    private int id;
    private String commodityNo;
    private String name;
    private String introduce;
    private String pictureurl;
    private Timestamp createtime;
    private Timestamp updatetime;
    private int states;
    public CommodityVo(){
    }
    public CommodityVo(CommodityPo cp){
        this.id=cp.getId();
        this.commodityNo=cp.getCommodity_no();
        this.name=cp.getName();
        this.introduce=cp.getIntroduce();
        this.pictureurl=cp.getPictureurl();
        this.createtime=cp.getCreatetime();
        this.updatetime=cp.getUpdatetime();
        this.states=cp.getStates();
    // 对应属性的 get 和 set 方法
```

（4）在 com. chinasofti. lexian. manager. commodity. controller 中创建 CommodityController

类，并添加/getCommodityList. do 映射，具体实现代码如下。

```java
package com.chinasofti.lexian.manager.commodity.controller;
import java.io.PrintWriter;
…
@Controller
@RequestMapping("/commodity")
public class CommodityController extends BaseController {
    private CommodityService commodityService;

    @Autowired
    public void setCommodityService(CommodityService commodityService) {
        this.commodityService=commodityService;
    }
    @RequestMapping("/getCommodityList.do")
    @ResponseBody
    public Object getCommodityList(CommodityQueryVo commodityQueryVo){
        return commodityService.getCommodityList(commodityQueryVo);
    }
}
```

（5）在 com. chinasofti. lexian. manager. commodity. dao 中创建 CommodityDao 接口，并添加 getCommodityList 实现方法，具体实现代码如下。

```java
public List<CommodityPo>getCommodityList(CommodityQueryVo commodityQueryVo);
```

（6）在 com. chinasofti. lexian. manager. commodity. dao. impl 中创建 CommodityDaoImpl 类，并添加 getCommodityList 实现方法，具体实现代码如下。

```java
@Repository
public class CommodityDaoImpl extends BaseDao implements CommodityDao {
    @Override
    public List<CommodityPo>getCommodityList(CommodityQueryVo commodityQueryVo){
        return selectList("getCommodityList", commodityQueryVo);
    }
…
}
```

（7）在 com. chinasofti. lexian. manager. commodity. service 中创建 CommodityService 接口，并添加 getCommodityList 实现方法，具体实现代码如下。

```java
public ResultHelper getCommodityList(CommodityQueryVo commodityQueryVo);
```

（8）在 com. chinasofti. lexian. manager. commodity. service. impl 中创建 CommodityServiceImpl 类，并添加 getCommodityList 实现方法，同时还要添加商品图片上传时保存的路径信息，具体

实现代码如下。

```
package com.chinasofti.lexian.manager.commodity.service.impl;
…
@Service
@Transactional
public class CommodityServiceImpl extends BaseService implements CommodityService{
    @Override
    public ResultHelper getCommodityList(CommodityQueryVo commodityQueryVo) {
        List<CommodityVo>cvs=new ArrayList<CommodityVo>();
        List<CommodityPo>cps=commodityDao.getCommodityList(commodityQueryVo);
        for(CommodityPo cp : cps){
            CommodityVo cv=new CommodityVo(cp);
            cvs.add(cv);
        }
        return new ResultHelper(Constant.success_code, CommodityConstant.success,
                cvs, commodityQueryVo.getTotal());
    }
}
```

运行步骤及结果如下。

进入【商品信息】模块，即可显示出来商品信息搜索框，根据商品信息名称即可进行模糊查询，如图 3.19 所示。

图 3.19　商品基本信息查询页面

▶ 课堂实践

思考：登录系统后，单击导航栏的【商品管理】模块下的【分类管理】，进入【商品管理】模块，选择【商品管理】模块下的【分类管理】模块，分析类别的分类层级，如何做分类更适合我们的系统？

子任务 3.3.2 新增商品

▶ 教学任务

目标：掌握新增商品的业务处理逻辑。

重点：掌握数据封装操作，掌握图片上传操作。

难点：使用 MyBatis 实现多表连接操作，使用 files 实现图片上传。

■ **任务实施** ■

1. 功能说明

登录系统后，单击导航栏的【商品管理】模块，进入【商品信息管理】页面，在【商品信息管理】页面中单击【添加】按钮，进入【添加】页面，填写信息，单击【保存信息】按钮，保存成功，跳转到【商品信息管理】列表页面，如图 3.20 所示。

图 3.20 商品基本信息页面

2. 代码实现

（1）此操作使用数据库中的 commodity 表和 category 表，并对两个表进行连接查询操作。在 mappers 文件下创建 CommodityDaoImpl. xml，添加 MyBatis 实现添加商品的 sql 语句。

```xml
<? xml version="1.0"encoding="UTF-8"?>
< mapper namespace = " com.chinasofti.lexian.manager.commodity.dao.impl.Commodity
DaoImpl">
        <insert id="addCommodity">
```

```
        INSERT INTO commodity(commodity_no, name, introduce, category_id,
createtime, updatetime, states)
        VALUES(#{commodity_no}, #{name}, #{introduce}, #{category_id}, now
(),now(),1)
    </insert>
  </mapper>
```

（2）在 WebContent/html 文件下创建 commodityAdd. html，具体实现代码详见项目包附件 /LexianManager/WebContent/html/commodityAdd. html。

（3）在 com. chinasofti. lexian. manager. commodity. vo 中创建 CommodityVo 类，具体实现代码详见项目包附件 com. chinasofti. lexian. manager. commodity. vo。

（4）在 com. chinasofti. lexian. manager. commodity. controller 中创建 CommodityController 类，并添加/addCommodityInfo. do 映射，在添加操作中尤其要注重图片上传过程，具体实现代码如下。

```
package com.chinasofti.lexian.manager.commodity.controller;
import java.io.PrintWriter;
…
@Controller
@RequestMapping("/commodity")
public class CommodityController extends BaseController {
    private CommodityService commodityService;

    @RequestMapping("/addCommodityInfo.do")
    @ResponseBody
    public Object addCommodityInfo(CommodityInfoVo vo){
        return commodityService.addCommodityInfo(vo);
    }
    @RequestMapping("/uploadFckPicture.do")
    @ResponseBody
    public Object uploadFckPicture(Fckeditor fckeditor,HttpServletResponse re-
sponse){
        String result= commodityService.uploadFckPicture(fckeditor);
        PrintWriter out=null;
        try{
            out=response.getWriter();
            out.print(result);
            out.flush();
        }
```

```
    catch(Exception e){
        logger.error(e.getMessage(),e);
    }
    finally{
      if(null! =out){
          out.close();
          out=null;
      }
    }
    returnnull;
}
@RequestMapping("/uploadMainPicture.do")
@ResponseBody
public Object updateMainPicture(CommodityPictureVo cpv){
    return commodityService.updateMainPicture(cpv);
}


@RequestMapping("/uploadSubPicture.do")
@ResponseBody
public Object updateSubPicture(CommodityPictureVo cpv){
    return commodityService.updateSubPicture(cpv);
}
}
```

（5）在 com. chinasofti. lexian. manager. commodity. dao 中创建 CommodityDao 接口，并添加 addCommodityInfo 和 hasExistedCommodityNo 实现方法，具体实现代码如下。

```
public Boolean hasExistedCommodityNo(String commodityNo);
public void addCommodityInfo(CommodityPo po);
```

（6）在 com. chinasofti. lexian. manager. commodity. dao. impl 中创建 CommodityDaoImpl 类，并添加 addCommodityInfo 和 hasExistedCommodityNo 实现方法，具体实现代码如下。

```
@Repository
public class CommodityDaoImpl extends BaseDao implements CommodityDao {
    @Override
    public Boolean hasExistedCommodityNo(String commodityNo) {
        Boolean result=(Boolean)selectOne("hasExistedCommodityNo", commodityNo);
        return result;
    }
    @Override
    public void addCommodityInfo(CommodityPo po) {
        insert("addCommodity", po);
    }
```

（7）在 com. chinasofti. lexian. manager. commodity. service 中创建 CommodityService 接口，并添加 addCommodityInfo 和图片上传的实现方法，具体实现代码如下。

```
public Object addCommodityInfo(CommodityInfoVo vo);
public String uploadFckPicture(Fckeditor fckeditor);
```

（8）在 com. chinasofti. lexian. manager. commodity. service. impl 中创建 CommodityServiceImpl 类，并添加 addCommodityInfo 和图片上传的实现方法，同时还要添加商品图片上传时保存的路径信息，具体实现代码如下。

```
package com.chinasofti.lexian.manager.commodity.service.impl;
import com.chinasofti.lexian.manager.commodity.service.CommodityService;
…
@Service
@Transactional
public class CommodityServiceImpl extends BaseService implements CommodityService{
    private CommodityDao commodityDao;
    private String picServerPhysicalPath;        // 所有图片上传物理路径
    private String commodityPhysicalPath;         // 商品图片上传物理路径
    private String commodityVirtualPath;          // 商品图片上传虚拟路径

    @Value("${picServerPhysicalPath}")
    public void setPicServerPhysicalPath(String picServerPhysicalPath) {
        this.picServerPhysicalPath=picServerPhysicalPath;
    }
    @Value("${commodityPhysicalPath}")
    public void setCommodityPhysicalPath(String commodityPhysicalPath) {
        this.commodityPhysicalPath=commodityPhysicalPath;
    }
    @Value("${commodityVirtualPath}")
    public void setCommoditywebPath(String commodityVirtualPath) {
        this.commodityVirtualPath=commodityVirtualPath;
    }
    @Autowired
    public void setCommodityDao(CommodityDao commodityDao) {
        this.commodityDao=commodityDao;
    }
    @Override
    public Object addCommodityInfo(CommodityInfoVo vo) {
        Boolean result=commodityDao.hasExistedCommodityNo(vo.getCommodityNo());
        if(result){
            return new ResultHelper(Constant.failed_code, CommodityConstant. duplicate_
commodityno);
```

```
        }

        CommodityPo po=new CommodityPo();
        po.setCommodity_no(vo.getCommodityNo());
        po.setName(vo.getName());
        po.setCategory_id(vo.getCategoryId());
        po.setIntroduce(vo.getIntroduce());

        commodityDao.addCommodityInfo(po);

        return new ResultHelper(Constant.success_code, CommodityConstant.success);
    }

    @Override
    public String uploadFckPicture(Fckeditor fckeditor) {
        String picUrl=null;
        if (fckeditor.getUpload() !=null) {
         picUrl=saveImage(commodityVirtualPath, commodityPhysicalPath, fcked-
itor.getUpload());
            if (picUrl==null) {
             return CommodityConstant.file_Error;
            }
             picUrl=com.chinasofti.lexian.manager.common.util.Config.PicServer-
VirtualPath+ picUrl;
        }

        StringBuilder resultUrl=new StringBuilder();
         resultUrl.append ("<script type ="text/javascript">") .append ("window.
parent.CKEDITOR.tools.callFunction("+ fckeditor.getCKEditorFuncNum()+ ",'"+ picUrl+
"','');") .append("</script>");
        return resultUrl.toString();
    }
```

运行步骤及结果如下。

　　进入【添加】页面，填写信息，单击【保存信息】按钮，系统提示"保存成功"，跳转到【商品信息管理】列表页面，如图 3.21 所示。

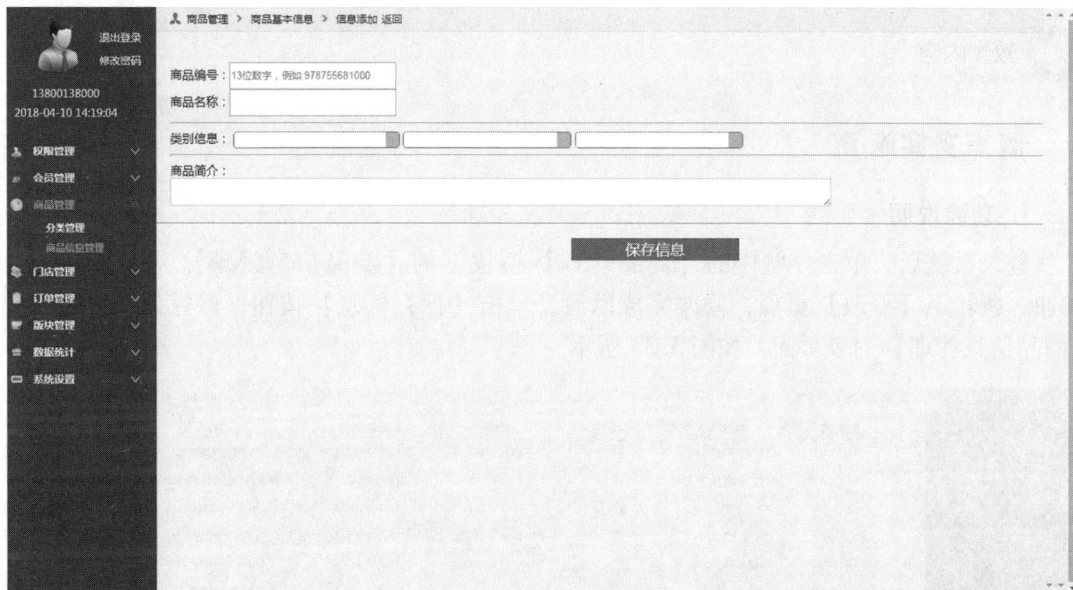

图 3.21　商品信息添加页面

▶ 课堂实践

选择【商品管理】模块下的【分类管理】，在右侧即可显示搜索框，根据编号可进行精准查询，如图 3.22 所示。

图 3.22　根据编号查询

子任务 3.3.3　修改商品

▶ 教学任务

目标：掌握修改商品的业务处理逻辑。

重点：掌握数据封装操作，掌握修改图片操作。

难点：多表连接，生成缩略图。

■ 任务实施 ■

1. 功能说明

登录系统后，单击导航栏的【商品管理】模块下的【商品信息管理】，单击【修改】按钮，跳转至【修改】页面，修改完成以后，单击【保存信息】按钮，保存信息，跳转到【商品信息管理】列表页面，如图 3.23 所示。

图 3.23　商品基本信息管理页面

2. 代码实现

（1）此操作使用数据库中的 commodity 表和 category 表，并对两个表进行连接查询操作。在 mappers 文件下创建 CommodityDaoImpl. xml，添加 MyBatis 实现添加商品的 sql 语句。

```xml
<? xml version="1.0"encoding="UTF-8"?>
< mapper  namespace = " com.chinasofti.lexian.manager.commodity.dao.impl.Commodity
DaoImpl">
    <!-- 获取指定编号商品的基本信息 -->
    <select id="getCommodityInfo"resultType="CommodityPo">
        SELECT A.id, commodity_no, name, A.category_id, B.categoryname,
        introduce, detailed, pictureurl,
        createtime, updatetime, states
        FROM commodity A INNER JOIN category B
        ON A.category_id=B.id
        WHERE commodity_no=#{commodityNo}
    </select>
    <!-- 更新商品信息 -->
```

```
<update id="updateCommodityInfo">
    UPDATE commodity SET name=#{name}, category_id=#{categoryId},
    introduce=#{introduce}, detailed=#{detailed}, updatetime=now(),
    states=#{states} WHERE commodity_no=#{commodityNo}
</update>

<!-- 更新商品主图片 url -->
<update id="updateMainPicture">
    UPDATE commodity SET pictureurl=#{picture_url}, updatetime=now()
    WHERE commodity_no=#{commodity_no}
</update>

</mapper>
```

（2）在 WebContent/html 文件下创建 commodityChange. html，具体实现代码详见项目包附件/LexianManager/WebContent/html/commodityChange. html。

（3）在 com. chinasofti. lexian. manager. commodity. po 中创建 CommodityPo 类，主要实现代码如下。

```
package com.chinasofti.lexian.manager.commodity.vo;
import java.sql.Timestamp;
public class CommodityPo {
    private int id;
    private String commodity_no;
    private String name;
    private int category_id;
    private String introduce;
    private String detailed;
    private String pictureurl;
    private Timestamp createtime;
    private Timestamp updatetime;
    private int states;
    private String categoryname;

}
```

（4）在 com. chinasofti. lexian. manager. commodity. controller 中创建 CommodityController 类，并添加/updateCommodityInfo. do 映射，具体实现代码如下。

```
package com.chinasofti.lexian.manager.commodity.controller;

import java.io.PrintWriter;
…
```

```
@Controller
@RequestMapping("/commodity")
public class CommodityController extends BaseController {
    @RequestMapping("/updateCommodityInfo.do")
    @ResponseBody
    public Object updateCommodityInfo(CommodityInfoVo civ){
        try{
    ParamValidateUtil.validateEmpty(civ.getCategoryId(), CommodityConstant.
category_empty);
    ParamValidateUtil.validateEmpty(civ.getIntroduce(), CommodityConstant.
introduce_empty);
        } catch (ParamNotValidException e) {
            return new ResultHelper(e.getCode(), e.getMessage());
        }
        return commodityService.updateCommodityInfo(civ);
    }


    @RequestMapping("/uploadMainPicture.do")
    @ResponseBody
    public Object updateMainPicture(CommodityPictureVo cpv){
        return commodityService.updateMainPicture(cpv);
    }


    @RequestMapping("/uploadSubPicture.do")
    @ResponseBody
    public Object updateSubPicture(CommodityPictureVo cpv){
        return commodityService.updateSubPicture(cpv);
    }
}
```

（5）在 com. chinasofti. lexian. manager. commodity. dao 中创建 CommodityDao 接口，并添加 updateCommodityInfo、getCommodityCategories 和 updateMainPicture 等实现方法，具体实现代码如下。

```
public CommodityCategoryPogetCommodityCategories(int categoryId);
public void updateCommodityInfo(CommodityInfoVo civ);
public void updateMainPicture(CommodityPicturePo cpp);
```

（6）在 com. chinasofti. lexian. manager. commodity. dao. impl 中创建 CommodityDaoImpl 类，并添加 updateCommodityInfo、getCommodityCategories 和 updateMainPicture 实现方法，具体实现代码如下。

```
@Repository
public class CommodityDaoImpl extends BaseDao implements CommodityDao {

    @Override
    public CommodityCategoryPo getCommodityCategories(int categoryId) {
        return selectOne("getCommodityCategories", categoryId);
    }
    @Override
    public void updateCommodityInfo(CommodityInfoVo civ) {
        update("updateCommodityInfo", civ);
    }
    @Override
    public void updateMainPicture(CommodityPicturePo cpp) {
        update("updateMainPicture", cpp);
    }
    …
}
```

（7）在 com. chinasofti. lexian. manager. commodity. service 中创建 CommodityService 接口，并添加 updateCommodityInfo、getCommodityCategories 和 updateMainPicture 等实现方法，具体实现代码如下。

```
public ResultHelper getCommodityInfo(String commodityNo);
public String uploadFckPicture(Fckeditor fckeditor);
public Object updateCommodityInfo(CommodityInfoVo civ);
public Object updateMainPicture(CommodityPictureVo cpv);
public Object updateSubPicture(CommodityPictureVo cpv);
```

（8）在 com. chinasofti. lexian. manager. commodity. service. impl 中创建 CommodityServiceImpl 类，并添加 updateCommodityInfo、getCommodityCategories 和 updateMainPicture 等实现方法，同时还要添加商品图片上传时保存的路径信息，具体实现代码如下。

```
package com.chinasofti.lexian.manager.commodity.service.impl;
import com.chinasofti.lexian.manager.commodity.service.CommodityService;
…
@Service
@Transactional
public class CommodityServiceImpl extends BaseService implements CommodityService{
    @Override
    public ResultHelper getCommodityInfo(String commodityNo) {
        CommodityPo cp=commodityDao.getCommodity(commodityNo);
        List<CommodityPicturePo>cpp = commodityDao.getCommodityPictures(commodityNo);
```

```
        CommodityCategoryPo cat = commodityDao.getCommodityCategories(cp.getCategory_
id());
        List<CommoditySpecPo>specs = commodityDao.getCommoditySpecs(commodity-
No);

        CommodityInfoVo cv = new CommodityInfoVo(cp, cpp, cat, specs);

        return new ResultHelper(Constant.success_code, CommodityConstant.success,
cv);
    }

    @Override
    public String uploadFckPicture(Fckeditor fckeditor) {
        String picUrl=null;
        if (fckeditor.getUpload() != =null) {
            picUrl = saveImage(commodityVirtualPath, commodityPhysicalPath, fckedi-
tor.getUpload());
            if (picUrl==null) {
                return CommodityConstant.file_Error;
            }
            picUrl = com.chinasofti.lexian.manager.common.util.Config.PicServerVir-
tualPath+ picUrl;
        }

        StringBuilder resultUrl=new StringBuilder();
        resultUrl.append("<script type="text/javascript">").append("window.
parent.CKEDITOR.tools.callFunction("+ fckeditor.getCKEditorFuncNum()+ ",'"+ picUrl
+ "','');").append("</script>");
        returnresultUrl.toString();
    }
    @Override
    public Object updateCommodityInfo(CommodityInfoVo civ) {
        String detailed = civ.getDetailed().replace(com.chinasofti.lexian.manager.
common.util.Config.PicServerVirtualPath, "");
        civ.setDetailed(detailed);
        commodityDao.updateCommodityInfo(civ);
        return new ResultHelper(Constant.success_code, CommodityConstant. success);
    }

    @Override
    public Object updateMainPicture(CommodityPictureVo cpv) {
        if(cpv.getFileMainPicture().getSize() != =0){
```

```
            String picUrl = saveImage (commodityVirtualPath, commodityPhysical-
Path,
                    cpv.getFileMainPicture());
            if (picUrl==null) {
                return new ResultHelper (Constant.failed_code, CommodityConstant.
file_Error);
            }
            CommodityPicturePo cpp=new CommodityPicturePo();
            cpp.setCommodity_no(cpv.getCommodityNo());
            cpp.setPicture_url(picUrl);
            commodityDao.updateMainPicture(cpp);
            return new ResultHelper(Constant.success_code,
                    CommodityConstant.success, picUrl);
        }
         return new ResultHelper(Constant.failed_code, CommodityConstant.file_
Error);
    }


    @Override
    public Object updateSubPicture(CommodityPictureVo cpv) {
        if(cpv.getFileSubPicture().getSize() !=0){
            String picUrl = saveImage (commodityVirtualPath, commodityPhysical-
Path,
                    cpv.getFileSubPicture());
            if (picUrl==null) {
                return new ResultHelper(Constant.failed_code, CommodityConstant.file_
Error);
            }
            CommodityPicturePo cpp=new CommodityPicturePo();
            cpp.setCommodity_no(cpv.getCommodityNo());
            cpp.setPicture_url(picUrl);
            commodityDao.addSubPicture(cpp);

            CommodityPictureVoresult=new CommodityPictureVo();
            result.setId(cpp.getId());
            result.setPictureUrl(cpp.getPicture_url());
            result.setCommodityNo(cpp.getCommodity_no());

            return new ResultHelper(Constant.success_code, CommodityConstant.
success, result);
        }
```

```
        return new ResultHelper(Constant.failed_code, CommodityConstant.file_
Error);
        }
    }
```

运行步骤及结果如下。

修改完成以后，单击【保存信息】按钮，保存信息，跳转到【商品信息管理】列表页面，如图3.24所示。

图 3.24　商品信息修改页

课堂实践

完成商品的修改模块。

任务 3.4　网站系统后台订单管理

教学任务

目标：掌握订单查询的业务逻辑。
重点：掌握数据分组查询，模糊查询。
难点：多表连接，动态 sql。

教学内容

■ 知识点 ■

掌握使用 JS 验证表单元素的值，掌握 MyBatis 开发 dao 的方式，配置文件和映射文件的应用；掌握 SpringMVC 中常用处理器映射器、处理器适配器、控制器和注解开发。

子任务 3.4.1　订单列表

■ 任务实施 ■

1. 功能说明

用户可以通过【订单管理】模块对全部订单、未付款、已付款、已发货、已完成订单进行查询和导出，并且可以设置过滤条件进行筛选。登录系统后，单击导航栏的【订单管理】模块，打开导航栏【订单管理】下的【订单列表】，查看全部订单，如图 3.25 所示。

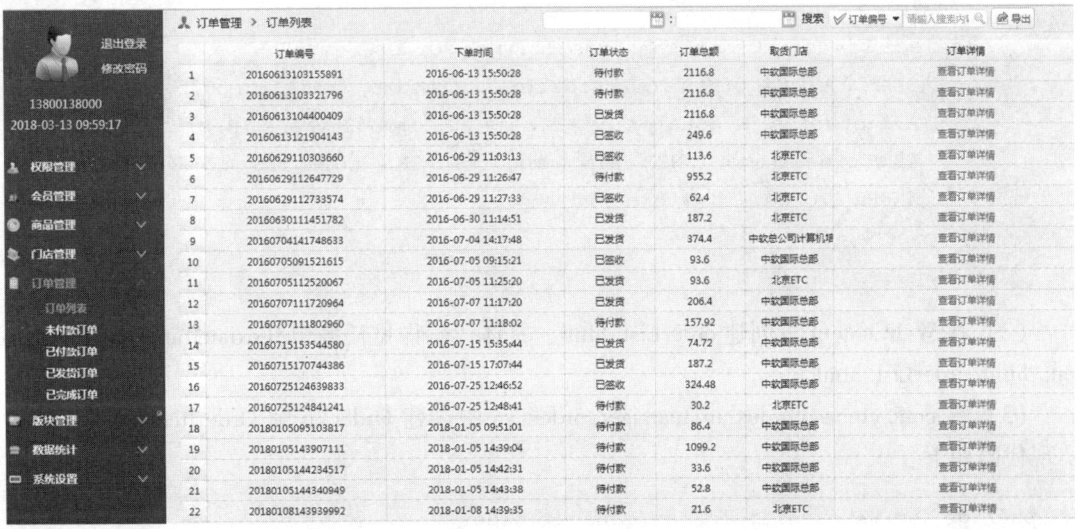

	订单编号	下单时间	订单状态	订单总额	取货门店	订单详情
1	20160613103155891	2016-06-13 15:50:28	待付款	2116.8	中软国际总部	查看订单详情
2	20160613103321796	2016-06-13 15:50:28	待付款	2116.8	中软国际总部	查看订单详情
3	20160613104400409	2016-06-13 15:50:28	已发货	2116.8	中软国际总部	查看订单详情
4	20160613121904143	2016-06-13 15:50:28	已签收	249.6	中软国际总部	查看订单详情
5	20160629110303660	2016-06-29 11:03:13	已签收	113.6	北京ETC	查看订单详情
6	20160629112647729	2016-06-29 11:26:47	待付款	955.2	北京ETC	查看订单详情
7	20160629112733574	2016-06-29 11:27:33	已签收	62.4	北京ETC	查看订单详情
8	20160630111451782	2016-06-30 11:14:51	已发货	187.2	北京ETC	查看订单详情
9	20160704141748633	2016-07-04 14:17:48	已发货	374.4	中软总公司计算机培	查看订单详情
10	20160705091521615	2016-07-05 09:15:21	已签收	93.6	中软国际总部	查看订单详情
11	20160705112520067	2016-07-05 11:25:20	已发货	93.6	北京ETC	查看订单详情
12	20160707111720964	2016-07-07 11:17:20	已发货	206.4	中软国际总部	查看订单详情
13	20160707111802960	2016-07-07 11:18:02	待付款	157.92	中软国际总部	查看订单详情
14	20160715153544580	2016-07-15 15:35:44	已发货	74.72	中软国际总部	查看订单详情
15	20160715170744386	2016-07-15 17:07:44	已发货	187.2	中软国际总部	查看订单详情
16	20160725124639833	2016-07-25 12:46:52	已签收	324.48	中软国际总部	查看订单详情
17	20160725124841241	2016-07-25 12:48:41	待付款	30.2	北京ETC	查看订单详情
18	20180105095103817	2018-01-05 09:51:01	待付款	86.4	中软国际总部	查看订单详情
19	20180105143907111	2018-01-05 14:39:04	待付款	1099.2	中软国际总部	查看订单详情
20	20180105144234517	2018-01-05 14:42:31	待付款	33.6	中软国际总部	查看订单详情
21	20180105144340949	2018-01-05 14:43:38	待付款	52.8	中软国际总部	查看订单详情
22	20180108143939992	2018-01-08 14:39:35	待付款	21.6	北京ETC	查看订单详情

图 3.25　订单列表

2. 代码实现

（1）此操作使用数据库中的 orders 和 store、orderitem 和 commodity 表，并对两个表进行连接查询操作。在 mappers 文件下创建 OrderDaoImpl. xml，添加 MyBatis 实现查询功能的 sql 语句。

```
<?xml version="1.0"encoding="UTF-8"?>
<mapper namespace="com.chinasofti.lexian.manager.order.dao.impl.OrderDaoImpl">
    <select id="findOrders"resultType="OrderPo">
        SELECT A.id, A.order_no, A.user_id, A.totalamount, A.store_no,
```

```
        A.states, A.paymenttype, A.paymentsubtype, A.deliverytype, A. createtime,
        B.storename
        FROM orders AS A INNER JOIN store AS B ON A.store_no=B.store_no
        WHERE 1=1
        <if test="dateFrom! =null">
            AND createtime&gt; =#{dateFrom}
        </if>
        <if test="dateTo! =null">
            AND createtime&lt; =#{dateTo}
        </if>
        <if test="states! =0">
            AND states =#{states}
        </if>
        <if test="orderNo! =null">
            AND order_no =#{orderNo}
        </if>
    </select>
    <select id="findOrderItems"resultType="OrderItemVo">
        SELECT A.id,A.order_id AS orderId,A.commodity_no AS commodityNo,A.amount,
        A.listprice, A.totalprice, B.name AS commodityName, B.pictureurl
        FROM orderitem A INNER JOIN commodity B ON A.commodity_no=B.commodity_no
        WHERE A.order_id=#{orderId}
    </select>
</mapper>
```

（2）在 WebContent 下创建 orderList. html，具体代码详见任务包/LexianManager/WebContent/html/orderList. html。

（3）在 com. chinasofti. lexian. manager. order. vo 中创建 OrderVo 和 OrderItemVo 类，主要实现代码如下。

```
package com.chinasofti.lexian.manager.order.vo;
public class OrderVo{
    private int id;
    private String orderNo;
    private String userId;
    private double totalAmount;
    private String storeNo;
    private String paymentType;
    private String paymentSubtype;
    private String deliveryType;
    private int states;
    private Date createTime;
    private String storeName;
```

```
        private String userName;
        private String phone;
        // 以,分隔的购物车项 id
        private String trolleyIds;
        private List<OrderItemVo>orderItems;

        public OrderVo(){
        }
        public OrderVo(OrderPo po){
            this.id=po.getId();
            this.orderNo=po.getOrder_no();
            this.userId=po.getUser_id();
            this.totalAmount=po.getTotalamount();
            this.storeNo=po.getStore_no();
            this.paymentType=po.getPaymenttype();
            this.paymentSubtype=po.getPaymentsubtype();
            this.deliveryType=po.getDeliverytype();
            this.states=po.getStates();
            this.createTime=po.getCreatetime();
            this.storeName=po.getStorename();
            this.userName=po.getUsername();
            this.phone=po.getPhone();
        // 对应属性的 get 和 set 方法
package com.chinasofti.lexian.manager.order.vo;

public class OrderItemVo {
    private int id;
    private int orderId;
    private String orderNo;
    private String commodityNo;
    private int amount;
    private double listPrice;
    private double totalPrice;
    private String commodityName;
    private String pictureUrl;
    // 对应属性的 get 和 set 方法
}
```

（4）在 com. chinasofti. lexian. manager. order. controller 中创建 OrderController 类，并添加/findOrders. do 和 findOrder. do 映射，具体实现代码如下。

```
package com.chinasofti.lexian.manager.order.controller;
import org.springframework.beans.factory.annotation.Autowired;
…
@Controller
@RequestMapping("order")
public class OrderController {
    private OrderService orderService;
    @Autowired
    public void setOrderService(OrderService orderService) {
        this.orderService=orderService;
    }

    // 检索订单
    @RequestMapping("/findOrders.do")
    @ResponseBody
    public Object findOrders(OrderQueryVo queryVo){
        return orderService.findOrders(queryVo);
    }

    // 检索单个订单详情
    @RequestMapping("/findOrder.do")
    @ResponseBody
    public Object findOrder(String orderNo){
        return orderService.findOrder(orderNo);
    }
}
```

（5）在 com. chinasofti. lexian. manager. order. dao 中创建 OrderDao 接口，并添加 findOrders 和 findOrderItems 实现方法，具体实现代码如下。

```
List<OrderPo>findOrders(OrderQueryVo vo);
List<OrderItemVo>findOrderItems(int orderId);
```

（6）在 com. chinasofti. lexian. manager. order. dao. impl 中创建 OrderDaoImpl 类，并添加 findOrders 和 findOrderItems 实现方法，具体实现代码如下。

```
@Repository
public class OrderDaoImpl extends BaseDao implements OrderDao{
    @Override
    public List<OrderPo>findOrders(OrderQueryVo vo) {
        return selectList("findOrders", vo);
    }

    @Override
```

```
public List<OrderItemVo>findOrderItems(int orderId) {
    return selectList("findOrderItems", orderId);
}

}
```

（7）在 com. chinasofti. lexian. manager. order. service 中创建 OrderService 接口，并添加 fin-dOrders 和 findOrder 实现方法，具体实现代码如下。

```
public ResultHelper findOrders(OrderQueryVo queryVo);
public ResultHelper findOrder(String orderNo);
```

（8）在 com. chinasofti. lexian. manager. order. service. impl 中创建 OrderServiceImpl 类，并添加 findOrders 和 findOrder 实现方法，同时还要添加商品图片上传时保存的路径信息，具体实现代码如下。

```
package com.chinasofti.lexian.manager.order.service.impl;
import java.util.ArrayList;
…
@Service
@Transactional
public class OrderServiceImpl extends BaseService implements OrderService {
    private OrderDao orderDao;
    @Autowired
    public void setOrderDao(OrderDao orderDao) {
        this.orderDao=orderDao;
    }
    @Override
    public ResultHelper findOrders(OrderQueryVo queryVo) {
        List<OrderPo>pos=orderDao.findOrders(queryVo);
        List<OrderVo>vos=new ArrayList<OrderVo>();
        for(OrderPo po : pos){
            OrderVo vo=new OrderVo(po);
            vos.add(vo);
        }
        return new ResultHelper(Constant.success_code, OrderConstant.success,
                vos, queryVo.getTotal());
    }
}
```

运行步骤及结果如下。

登录系统后，单击导航栏的【订单管理】模块打开导航栏【订单管理】下的【订单列表】，填写过滤条件、时间区间、订单编号进行筛选，如图 3.26～图 3.28 所示。

图 3.26　订单条件筛选

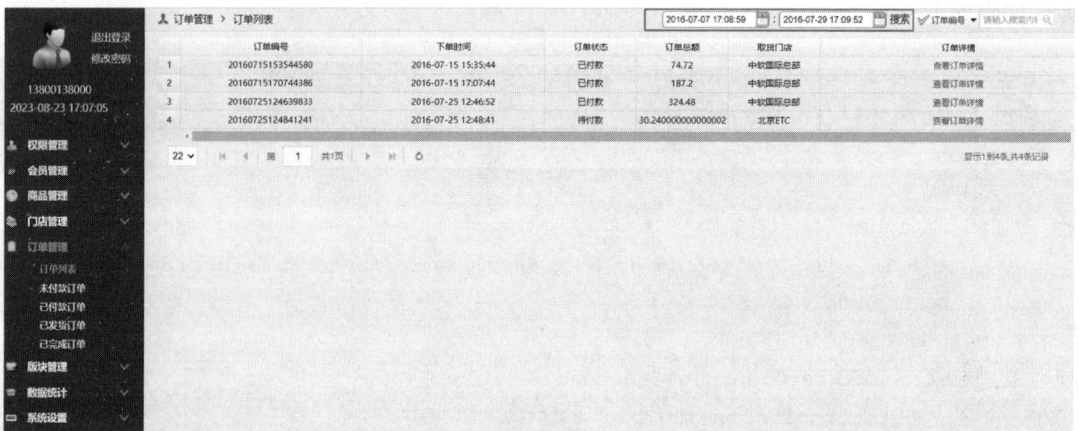

图 3.27　根据时间筛选

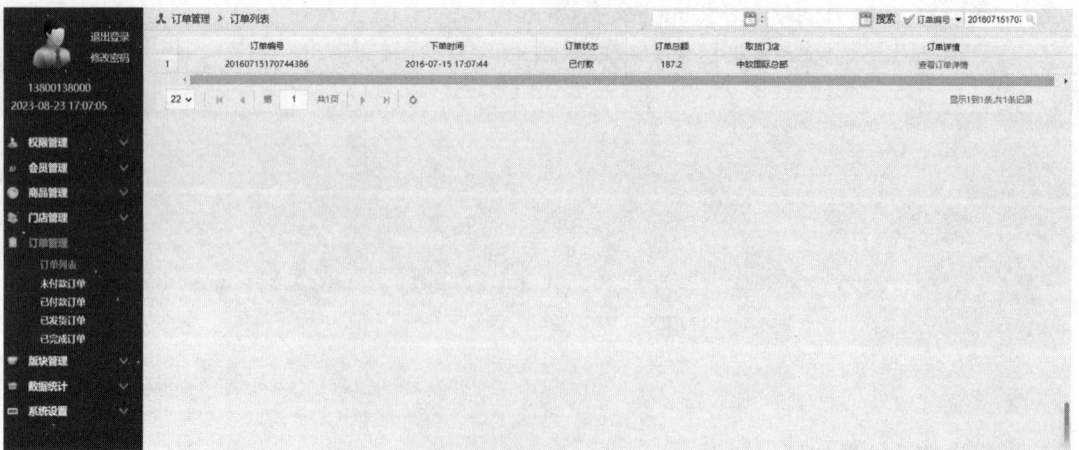

图 3.28　根据订单编号筛选

▶ 课堂实践

思考：登录系统后，单击导航栏的【订单管理】模块，打开导航栏【订单管理】下的【订单列表】，如何查看订单详情？

子任务 3.4.2 电子商务系统后台订单状态查询

▶ 教学任务

目标：掌握订单查询的业务逻辑。

重点：掌握数据分组查询、模糊查询、导出数据报表。

难点：多表连接，动态 sql。

▶ 教学内容

■ 知识点 ■

掌握使用 JS 验证表单元素的值，掌握 MyBatis 开发 dao 的方式，配置文件和映射文件的应用；掌握 SpringMVC 中常用处理器映射器、处理器适配器、控制器和注解开发，以及导出报表。

■ 任务实施 ■

1. 功能说明

用户可以通过【订单管理】模块对全部订单、未付款、已付款、已发货、已完成订单进行查询，并且可以设置过滤条件进行筛选。登录系统后，单击导航栏的【订单管理】模块，打开导航栏【订单管理】下的【订单列表】，查看各种状态订单，同时针对已付款订单，可以进行发货的操作，如图 3.29 所示。

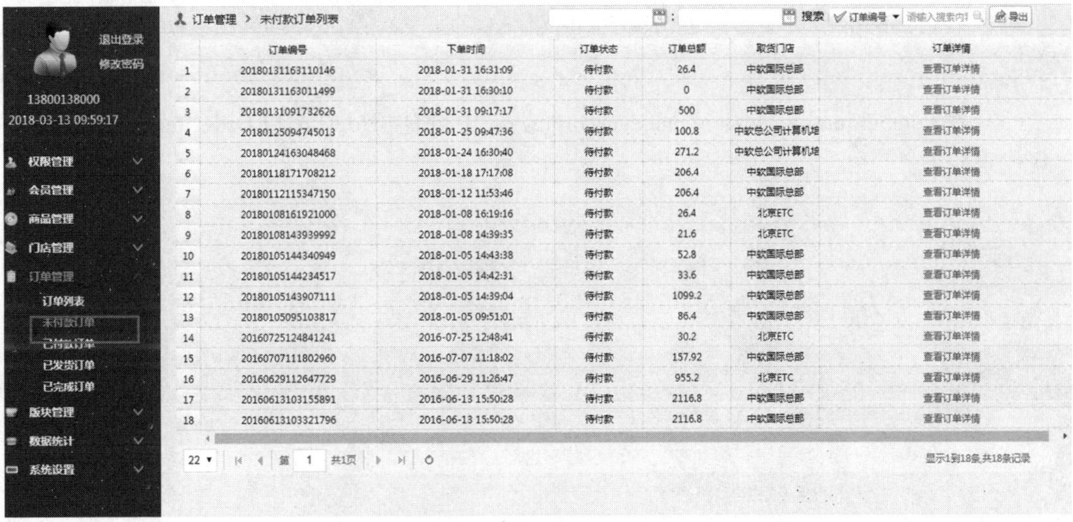

图 3.29 未付款订单

2. 代码实现

（1）此操作使用数据库中的 orders、orderitem 和 store 表，并对两个表进行连接查询操作。在 mappers 文件下创建 OrderDaoImpl. xml，添加 MyBatis 实现查询功能的 sql 语句。

```xml
<?xml version="1.0"encoding="UTF-8"?>
<mapper namespace="com.chinasofti.lexian.manager.order.dao.impl.OrderDaoImpl">
    <select id="findOrder"resultType="OrderPo">
        SELECT orders.id, order_no, user_id, totalamount, orders.store_no,
store. storename,
        orders.states, paymenttype, paymentsubtype, deliverytype, createtime,
        orders.user_id, user.username, user.phone
        FROM orders INNER JOIN store ON orders.store_no=store.store_no
        INNER JOIN user ON orders.user_id=user.id
        WHERE order_no=#{orderNo}
    </select>
    <update id="updateStates">
        UPDATE orders SET states=#{states} WHERE order_no=#{order_no}
    </update>
</mapper>
```

（2）在 WebContent 下创建 ordersUnpaid. html（未付款订单），具体实现代码详见项目包附件/LexianManager/WebContent/html/ordersUnpaid. html。同时创建 ordersPaid. html（已付款订单），ordersDelivered. html（已发货订单），ordersCompleted. html（已完成订单），主要是订单状态的变化，关键代码如下。

```
util.fillTable("/order/findOrders.do", {states : 2}, array, "roleInfoTable1");//
已付款
util.fillTable("/order/findOrders.do", {states : 3}, array, "roleInfoTable1");//
已发货
util.fillTable("/order/findOrders.do", {states : 4}, array, "roleInfoTable1");//
已完成
```

（3）在 com. chinasofti. lexian. manager. order. po 中创建 OrderPo 和 OrderItemPo 类，主要实现代码如下。

```java
package com.chinasofti.lexian.manager.order.po;
public class OrderPo extends PageHelper<OrderVo> {
    private int id;
    private String order_no;
    private String user_id;
    private double totalAmount;
    private String store_no;
    private String storename;
    private int states;
```

```
        private String paymenttype;
        private String paymentsubtype;
        private String deliverytype;
        private Date createtime;
        private String username;
        private String phone;
        // 对应属性的 get 和 set 方法
package com.chinasofti.lexian.manager.order.po;
public class OrderItemPo {
        private int id;
        private int order_id;
        private String commodity_no;
        private int amount;
        private double listPrice;
        private double totalPrice;
        private String store_no;
        // 对应属性的 get 和 set 方法
}
```

（4）在 com. chinasofti. lexian. manager. order. controller 中创建 OrderController 类，并添加/deliverOrder. do 映射，具体实现代码如下。

```
package com.chinasofti.lexian.manager.order.controller;
import org.springframework.beans.factory.annotation.Autowired;
…
@Controller
@RequestMapping("order")
public class OrderController {
        private OrderService orderService;
        @Autowired
        public void setOrderService(OrderService orderService) {
                this.orderService=orderService;
        }

        // 检索订单
        @RequestMapping("/findOrders.do")
        @ResponseBody
        public Object findOrders(OrderQueryVo queryVo){
                return orderService.findOrders(queryVo);
        }

        // 检索单个订单详情
        @RequestMapping("/findOrder.do")
```

```
@ResponseBody
public Object findOrder(String orderNo){
    return orderService.findOrder(orderNo);
}


// 订单发货
@RequestMapping("/deliverOrder.do")
@ResponseBody
public Object deliverOrder(String orderNo){
    return orderService.deliverOrder(orderNo);
}
}
```

（5）在 com. chinasofti. lexian. manager. order. dao 中创建 OrderDao 接口，并添加 findOrder 和 updateStates 实现方法，具体实现代码如下。

```
OrderPo findOrder(String orderNo);
void updateStates(OrderPo po);
```

（6）在 com. chinasofti. lexian. manager. order. dao. impl 中创建 OrderDaoImpl 类，并添加 findOrder 和 updateStates 实现方法，具体实现代码如下。

```
@Repository
public class OrderDaoImpl extends BaseDao implements OrderDao{

    @Override
    public OrderPo findOrder(String orderNo) {
        return selectOne("findOrder", orderNo);
    }

    @Override
    public void updateStates(OrderPo po) {
        update("updateStates", po);
    }
}
```

（7）在 com. chinasofti. lexian. manager. order. service 中创建 OrderService 接口，并添加 deliverOrder 实现方法，具体实现代码如下。

```
public ResultHelper deliverOrder(String orderNo);
```

（8）在 com. chinasofti. lexian. manager. order. service. impl 中创建 OrderServiceImpl 类，并添加 findOrders 和 findOrder 实现方法，同时还要添加商品图片上传时保存的路径信息，具体实现代码如下。

```
package com.chinasofti.lexian.manager.order.service.impl;
import java.util.ArrayList;
…
@Service
@Transactional
public class OrderServiceImpl extends BaseService implements OrderService {
    private OrderDao orderDao;
    @Autowired
    public void setOrderDao(OrderDao orderDao) {
        this.orderDao=orderDao;
    }

    @Override
    public ResultHelper deliverOrder(String orderNo) {
        OrderPo po=orderDao.findOrder(orderNo);
        po.setStates(3);    // 已发货状态
        orderDao.updateStates(po);
        return new ResultHelper(Constant.success_code, OrderConstant.success);
    }
}
```

运行步骤及结果如下。

登录系统后，单击导航栏的【订单管理】模块，打开导航栏【订单管理】下的【订单列表】，对未付款、已付款、已发货、已完成订单进行查询。运行结果如图 3.30 ~ 图 3.33 所示。

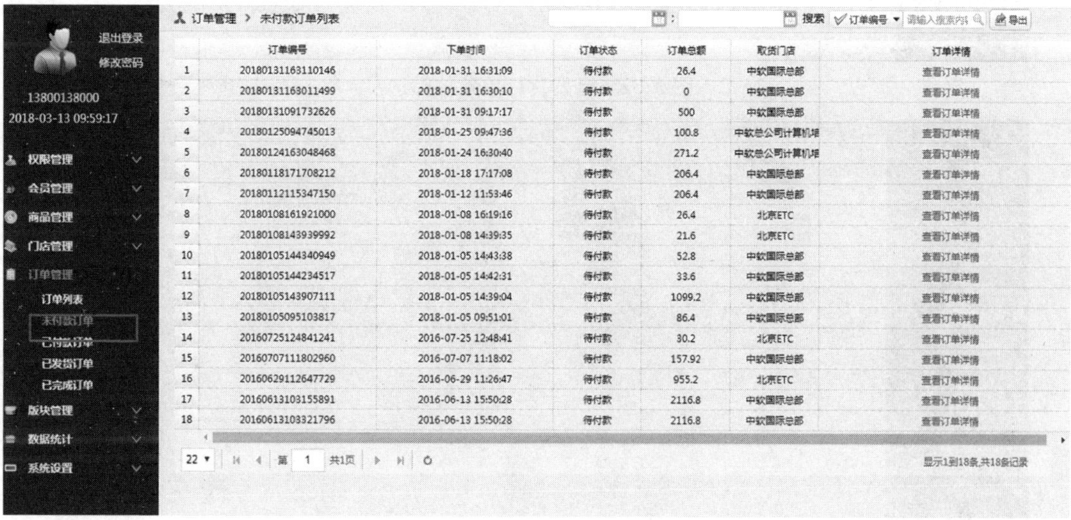

图 3.30　未付款订单列表

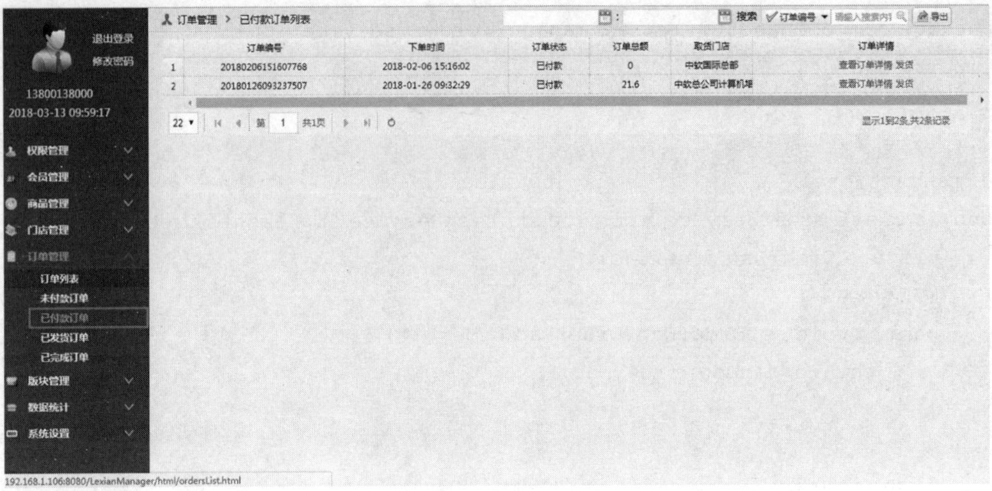

图 3.31　已付款订单

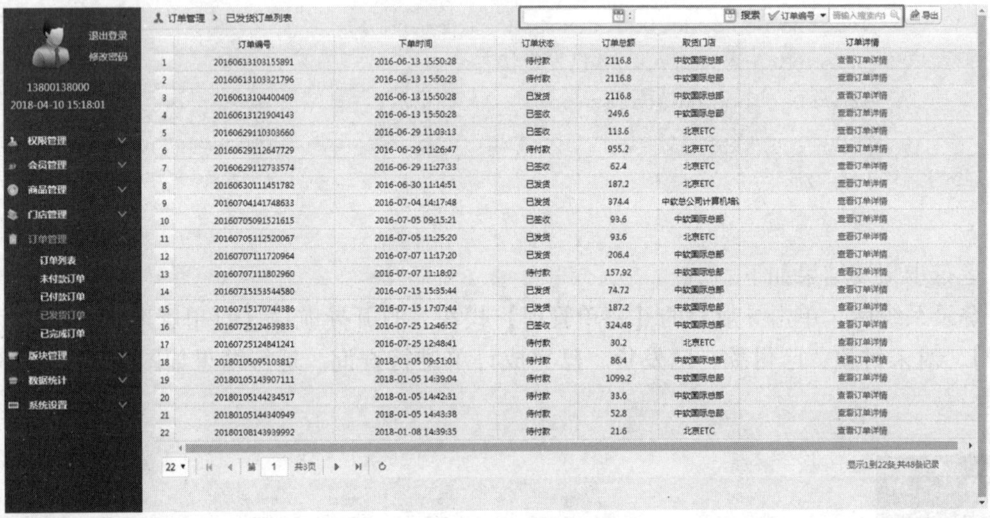

图 3.32　已发货订单条件筛选

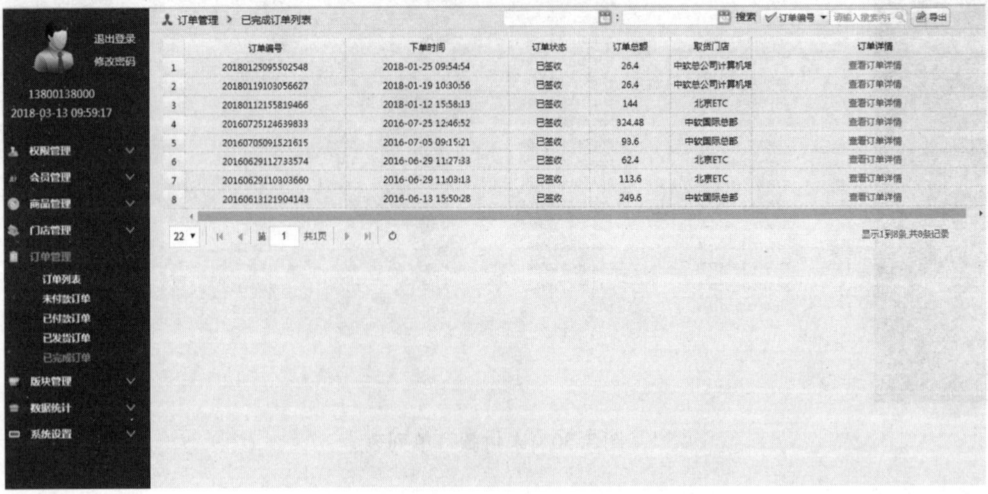

图 3.33　已完成订单列表

▶ 课堂实践

思考：登录系统后，单击导航栏的【订单管理】模块，打开【订单管理】下的【订单列表】，如何查看单个订单详情？

任务 3.5　网站系统用户信息管理

▶ 教学任务

目标：掌握用户登录和注册操作以及更新个人信息。

重点：用户注册，更新信息。

难点：update 操作、动态 sql。

▶ 教学内容

■ **知识点** ■

掌握使用 JS 验证表单元素的值，掌握 MyBatis 开发 dao 的方式，配置文件和映射文件的应用；掌握 SpringMVC 中常用处理器映射器、处理器适配器、控制器和注解开发，以及导出报表。

子任务 3.5.1　用户注册

■ **任务实施** ■

1. 功能说明

在该系统中，浏览商品信息并不需要用户登录，但从"加入购物车"起，就需要先登录了。在页面左上角单击【登录】按钮，会导向到登录页面，如图 3.34 所示。在没有登录的情况下，如果要访问需要登录后才能访问的页面，则会先跳转到登录页。

用户注册账号时，必须以手机号作为账号名称，如图 3.35 所示。虽然该系统支持通过手机短信验证的方式，但为了方便起见，在注册功能中关闭了短信验证。此外，如果系统中已经存在该手机号，则不能重复注册。

图 3.34　登录页面

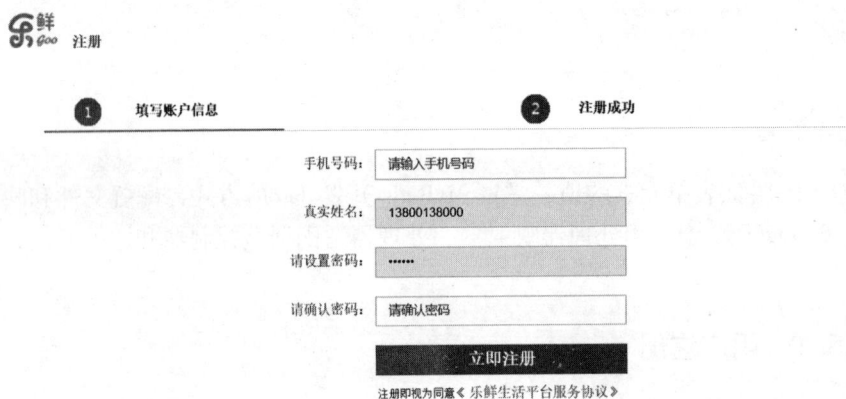

图 3.35　注册页面

2. 代码实现

（1）此操作使用数据库中的 user 表，进行插入和查询操作，在 mappers 文件下添加 UserDaoImpl. xml 实现查询功能的 sql 语句。

```xml
<?xml version="1.0"encoding="UTF-8"?>
<mapper namespace="com.chinasofti.lexian.user.dao.impl.UserDaoImpl">
    <sql id="whereCondition">
        where 1=1
        <if test="id! =null">
            and id=#{id}
        </if>
        <if test="sex! =null">
            and sex=#{sex}
```

```xml
        </if>
        <if test="username! =null">
            and username=#{username}
        </if>
        <if test="phone! =null">
            and phone=#{phone}
        </if>
        <if test="mail! =null">
            and mail=#{mail}
        </if>
        <if test="portrait! =null">
            and portrait=#{portrait}
        </if>
        <if test="passwd! =null">
            and passwd=#{passwd}
        </if>
        <if test="status! =null">
            and status=#{status}
        </if>
        <if test="lastlogintime! =null">
            and lastlogintime=#{lastlogintime}
        </if>
    </sql>

    <select id="getUsers"parameterType="User"resultType="User">
        select
        id,sex,username,phone,mail,portrait,passwd,status,lastlogintime
        from user
    </select>
    <select id="getUser"parameterType="User"resultType="User">
        select
        id,sex,username,phone,mail,portrait,passwd,status,lastlogintime
        from user
        <include refid="whereCondition"/>
    </select>
    <insert id="saveUser"parameterType="User">
        insert into user
        (id,sex,username,phone,mail,portrait,passwd,status,lastlogintime)
    values(#{id},#{sex},#{username},#{phone},#{mail},#{portrait},#{passwd},#{status},#{lastlogintime})
    </insert>
    </mapper>
```

（2）将在 Web 前端创建的 register. html 和 login. html 页面存放在 WebContent/html 下，修改表单提交代码，验证表单的值并将数据保存在数据库中。

```javascript
$("#submit").click(
    function() {
    var phone= $.trim($("#phone").val());
    var username= $.trim($("#username").val());
    var password= $.trim($("#password").val());
    var surepassword= $.trim($("#surepassword").val());
    // 先注释验证码模块
    /*  var validateCode= $.trim($("#validateCode").val()); * /
            if(!validateUtil.validateEmpty(phone)) {
                asyncbox.tips("手机号码不能为空,请输入手机号码",
                        asyncbox.Level.error);
                return;
            }
            if(!validateUtil.validatePhone(phone)) {
                asyncbox.tips("请输入正确的手机号!",
                        asyncbox.Level.error);
                return;
            }
            if(!validateUtil.validateEmpty(username)) {
                asyncbox.tips("真实姓名不能为空",
                        asyncbox.Level.error);
                return;
            }
            if(!validateUtil.validateMaxLength(username,
                    15)) {
                asyncbox.tips("真实姓名不能超过15位",
                        asyncbox.Level.error);
                return;
            }
            if(!validateUtil.validateEmpty(password)) {
                asyncbox.tips("请输入密码!",
                        asyncbox.Level.error);
                return;
            }
            if(!validateUtil
                    .validateMinLength(password, 6)) {
                asyncbox.tips("请输入6到16位密码!",
                        asyncbox.Level.error);
                return;
```

```
        }
        if(!validateUtil.validateMaxLength(password,
                16)) {
            asyncbox.tips("请输入6到16位密码!",
                    asyncbox.Level.error);
            return;
        }

        if(!validateUtil.validateEmpty(surepassword)) {
            asyncbox.tips("请输入确认密码!",
                    asyncbox.Level.error);
            return;
        }

        if (password != surepassword) {
            asyncbox.tips("两次密码不一致",
                    asyncbox.Level.error);
            return;
        }

        var role = $("ul.select>li.selected:eq(0)")
                .attr("value");
        var data = {
            phone : phone,
            userName : username,
            passwd : password,
            /* validateCode :validateCode, */
            role : role
        };
    $.postAjax("/user/register.do", data,
            function(json) {
                if (json.code) {
                    asyncbox.tips(json.message, asyncbox.Level.error);
                    return;
                }
                var user = encodeURIComponent(username);
window.location = 'registersuccess.html? username='+ user+ "&phone ="+ phone;
            },
            function() {
                asyncbox.tips("网络连接错误", asyncbox.Level.error);
            }
        );
```

```
        }
    );
```

登录页面 login. html 中关键代码如下。

```
function submit() {
    var username= $.trim( $("#username").val());
    var password= $.trim( $("#password").val());
    if(!validateUtil.validateEmpty(username)) {
        asyncbox.tips("请输入账户名!", asyncbox.Level.error);
        return;
    }
    if(!validateUtil.validatePhone(username)) {
        asyncbox.tips("用户名格式错误!", asyncbox.Level.error);
        return;
    }
    if(!validateUtil.validateLength(username, 11, 11)) {
        asyncbox.tips("请输入正确的账户名!", asyncbox.Level.error);
        return;
    }
    if(!validateUtil.validateEmpty(password)) {
        asyncbox.tips("请输入密码!", asyncbox.Level.error);
        return;
    }
    var data={
        phone : username,
        passwd : password
    };
    $.postAjax("/user/remLogin.do", data, function(json) {
        if (json.code) {
            asyncbox.tips(json.message, asyncbox.Level.error);
            return;
        }
        if (json.code==99) {
            asyncbox.tips(json.message, asyncbox.Level.error);
            return;
        }
        window.location='index.html';
    }, function() {
        asyncbox.tips("网络连接错误", asyncbox.Level.error);
    });
}
```

（3）在 com. chinasofti. lexian. mall. user. vo 中创建 UserVo，LoginVo 和 ResisterVo，在 com.

chinasofti. lexian. mall. user. Po 下创建 User 类，主要实现代码如下。

```
package com.chinasofti.lexian.mall.user.vo;
public class UserVo {
    private String id;
    private String sex;
    private String username;
    private String mail;
```

```
package com.chinasofti.lexian.mall.user.vo;

public class LoginVo {
    private String phone;
    private String passwd;
    private int platformCode;
```

```
package com.chinasofti.lexian.mall.user.vo;

public class RegisterVo {
    private String phone;
    private String passwd;
    private String validateCode;
    private String userName;
    private int type;
    private int platformCode;
    // 对应属性的 get 和 set 方法
```

```
public class User   implements Serializable{
    private static final long serialVersionUID =-4104941611225974630L;
    private String id;
    private String sex;
    private String username;
    private String phone;
    private String mail;
    private String portrait;
    private transient String passwd;
    private Integer status;
    private Timestamp lastlogintime;
    // 对应属性的 get 和 set 方法
```

（4）在 com. chinasofti. lexian. mall. user. controller 中创建 UserController 类，并添加/rem-Login. do 和/register. do 映射，具体实现代码如下。

```
package com.chinasofti.lexian.mall.user.controller;
import javax.servlet.http.HttpServletRequest;
…
@Controller
@RequestMapping("/user")
public class UserController extends BaseController {
    private UserService userService;
    @Autowired
    private VisitCounter visitCounter;
    @Autowired
    public void setUserService(UserService userService) {
        this.userService=userService;
    }

    // 登录
    @RequestMapping(value="/remLogin.do")
    @ResponseBody
    public Object remLogin(HttpServletRequest request, HttpServletResponse response,
            LoginVo reLoginVo) {
        try {
            ParamValidateUtil.validateNull(reLoginVo, UserConstant.invalid_arguments);
            ParamValidateUtil.validatePhone(reLoginVo.getPhone(), UserConstant.invalid_arguments);
            ParamValidateUtil.validateEmpty(reLoginVo.getPasswd(), UserConstant.invalid_arguments);
        } catch (ParamNotValidException e) {
            return new ResultHelper(e.getCode(), e.getMessage());
        }
        return userService.remLogin(request, response, reLoginVo);
    }

    // 注册
    @RequestMapping(value="/register.do")
    @ResponseBody
    public Object register(RegisterVo registerVo) {
        try {
            ParamValidateUtil.validateNull(registerVo, UserConstant.invalid_arguments);
            ParamValidateUtil.validatePhone(registerVo.getPhone(), UserConstant.invalid_arguments);
```

```
                ParamValidateUtil.validateEmpty(registerVo.getPasswd(), UserCon-
stant.invalid_arguments);
//              ParamValidateUtil.validateEmpty(registerVo.getValidateCode(), User-
Constant.invalid_arguments);
//              ParamValidateUtil.validatePositive(registerVo.getPlatformCode(),
ValidateConstant.platformUnvalidate);
                ParamValidateUtil.validateEmpty(registerVo.getUserName(), User-
Constant.invalid_arguments);
                ParamValidateUtil.validateMaxLength(registerVo.getUserName(),
15, UserConstant.invalid_arguments);
        } catch (ParamNotValidException e) {
            return new ResultHelper(e.getCode(), e.getMessage());
        }
        return userService.register(registerVo);
    }
    // 注销
    @RequestMapping("/logout.do")
    @ResponseBody
    public Object logout(HttpServletRequestrequqest,HttpServletResponseresponse) {
        return userService.logout(requqest,response);
    }
}
```

（5）在 com. chinasofti. lexian. mall. user. dao 中创建 UserDao 接口，并添加 getUser 和 saveUser 方法，具体实现代码如下。

```
public User getUser(User user);
public int saveUser(User user);
```

（6）在 com. chinasofti. lexian. mall. user. dao. impl 中创建 UserDaoImpl 类，并添加 getUser 和 updateUser 实现方法，具体实现代码如下。

```
@Repository
public class UserDaoImpl extends BaseDao implements UserDao {
    @Override
    public User getUser(User user) {
        return selectOne("getUser", user);
    }
    @Override
    public int saveUser(User user) {
        return insert("saveUser", user);
    }
```

（7）在 com. chinasofti. lexian. mall. user. service 中创建 UserService 接口，并添加 remLogin

和 register 实现方法，具体实现代码如下。

```
    public ResultHelper remLogin (HttpServletRequest request, HttpServletResponse
registerVo, LoginVo reLoginVo);
    public ResultHelper register(RegisterVo reLoginVo);
```

（8）在 com. chinasofti. lexian. mall. user. service. impl 中创建 UserServiceImpl 类，并添加 remLogin 和 register 实现方法，具体实现代码如下。

```
@ Service
@ Transactional
public class UserServiceImpl extends BaseService implements UserService {
    private MessageSender messageSender;
    private User Dao userDao;
    @ Autowired
    public void setMessageSender (MessageSender messageSender) {
        this.messageSender =messageSender;
    }
    @ Autowired
    public void setUserDao (UserDao userDao) {
        this.userDao =userDao;
    }
    public UserDao getUserDao () {
        return userDao;
    }


    @ Override
    public ResultHelperremLogin(HttpServletRequest request, HttpServletResponse
response, LoginVo reLoginVo) {
        String lexianId =CommonUtil.getCookieValue (request.getCookies (), Con-
stant. LEXIANUSERKEY);
        // 用户已经登录
        if (com.chinasofti.lexian.mall.common.util.StringUtils.isNotNullAndEmpty
(lexianId) &&baseRedisDao.existKey(lexianId)) {
            return new ResultHelper(2, UserConstant.user_loggedin, baseRedis-
Dao.getObject (lexianId));
        }
        User queryUser =newUser ();
        queryUser. setPhone (reLoginVo. getPhone ());
        User userinfo =userDao. getUser (queryUser);
        if (null ==userinfo)
            return new ResultHelper (Constant. failed_code, UserConstant.user_
notfound);
```

```
        if (userinfo.getStatus()==UserConstant.disabled)
            return new ResultHelper(Constant.failed_code, UserConstant.user_
disabled);
        try {
            String aesPassword=reLoginVo.getPasswd();
            if (Integer.valueOf(Constant.app).equals(reLoginVo.getPlatformCode()))
                aesPassword=AES.decryptECB(aesPassword, cryptoKey);
            queryUser.setPasswd(SHA.instance.getEncryptResult(aesPassword));
        } catch (Exception e) {
            return new ResultHelper(Constant.failed_code, UserConstant.error);
        }

        // 查找匹配的用户
        userinfo=userDao.getUser(queryUser);
        if (null==userinfo)
            return new ResultHelper(Constant.failed_code, UserConstant.invalid_lo-
gin);

        userinfo.setLastlogintime(new Timestamp(System.currentTimeMillis()));
        userDao.updateUser(userinfo);

        // 用户信息写入 redis
        final int expires=com.chinasofti.lexian.mall.common.util.Config.
CookieExpiredSeconds;
        lexianId=UUID.randomUUID().toString();
        userinfo.setSessionKey(lexianId);
        baseRedisDao.setExObject(lexianId, expires, userinfo);
        Cookie cookie=new Cookie(Constant.LEXIANUSERKEY, lexianId);
        cookie.setMaxAge(expires);
        cookie.setPath("/");
        response.addCookie(cookie);
        return new ResultHelper(Constant.success_code, UserConstant.success,
userinfo);
    }

    @Override
    public ResultHelper register(RegisterVo registerVo) {
        User user=newUser();
        user.setPhone(registerVo.getPhone());
        User userinfo=userDao.getUser(user);
        if (userinfo !=null) {
            return new ResultHelper(Constant.failed_code, UserConstant.duplicate_
user);
```

```
            }
            user.setId(UUID.randomUUID().toString());
            String plainPassword=registerVo.getPasswd();
            String passwd=registerVo.getPasswd();
            if (Integer.valueOf(Constant.app).equals(registerVo.getPlatformCode())) {
                try {
                    passwd=AES.decryptECB(registerVo.getPasswd(), cryptoKey);
                } catch (Exception exception) {
                    return new ResultHelper(Constant.failed_code,UserConstant.error);
                }
            }
            // 添加用户
            user.setPasswd(SHA.instance.getEncryptResult(passwd));
            user.setUsername(registerVo.getUserName());
            user.setStatus(UserConstant.enabled);
            String portrait="/defaultpicture/1.jpg";
            user.setPortrait(portrait);
            userDao.saveUser(user);
            return new ResultHelper(Constant.success_code, UserConstant.success);
        }


        @Override
        public ResultHelper logout (HttpServletRequest request, HttpServletResponse
response) {
            if (getUser()!=null) {
                baseRedisDao.delete(getUser().getSessionKey());
            }
            response.addCookie(new Cookie(Constant.LEXIANUSERKEY, "none") {
                private static final long serialVersionUID=1L;
                {
                    setMaxAge(0);
                    setPath("/");
                }
            });
            return new ResultHelper(Constant.success_code, UserConstant.
success);
        }
```

运行步骤及结果如下。

单击【注册】后进入【注册】页面，注册成功后即可登录，如图 3.36 ~ 图 3.38
所示。

鲜
Goo 注册

① 填写账户信息 ② 注册成功

手机号码： 18222902321

真实姓名： zhuzhu

请设置密码： ••••••

请确认密码： ••••••

立即注册

注册即视为同意《乐鲜生活平台服务协议》

图 3.36　注册页面

鲜
Goo 注册

① 填写账户信息 ✓ 注册成功

✓ 恭喜注册成功！

登录名：18222902321
真实姓名：zhuzhu

图 3.37　注册成功页面

您好,欢迎来到乐鲜生活　Jerry　退出　　　　　　　　　个人中心 | 我的订单 | 下载移动端 | 服务热线

请输入您想要的商品　搜索

茶油 | 洗面奶 | 米 | 枣类 | 桂圆 | 纯牛奶 | 洗手液

我的购物车

所有分类　　　首页

学习装备
营养膳食
学习攻坚
教育培训
健康五谷
精致生活
家居保卫
学习攻坚
校服文化
天天特价

食品预售
全场买就送
多买多得，送完为止

限时抢购　　　品牌精选　　　热卖推荐　　　新品上市

图 3.38　登录成功页面

子任务3.5.2 更新个人资料

1. 功能说明

该系统中，用户可以维护自己的个人信息，用户可以修改除联系方式（手机号）之外的其他信息。单击【更换头像】，可以上传自己的新头像，可以更改密码、重置密码。本子任务主要讲解如何更新个人资料，如图3.39所示。

基本信息

姓名： User1 *必填

性别： ◉男 ○女 ○保密

年龄： 40 *必填

更换头像

邮箱： user1@etc.com *必填

联系方式： 13621310409 *必填

保存

图3.39 更新个人资料

2. 代码实现

（1）此操作使用数据库中的 user 表，进行插入和查询操作，在 mappers 文件下添加 UserDaoImpl. xml 实现查询功能的 sql 语句。

```xml
<?xml version="1.0"encoding="UTF-8"?>
<mapper namespace="com.chinasofti.lexian.user.dao.impl.UserDaoImpl">
    <update id="updateUser">
        update user
        set
        <trim suffixOverrides=",">
            <if test="sex! =null">
                sex=#{sex},
            </if>
            <if test="username! =null">
                username=#{username},
            </if>
            <if test="phone! =null">
```

```
                phone=#{phone},
            </if>
            <if test="passwd! =null">
                passwd=#{passwd},
            </if>
            <if test="status! =null">
                status=#{status},
            </if>
            <if test="mail! =null">
                mail=#{mail},
            </if>
            <if test="portrait! =null">
                portrait=#{portrait},
            </if>
            <if test="lastlogintime! =null">
                lastlogintime=#{lastlogintime},
            </if>
        </trim>
        where id=#{id}
    </update>
</mapper>
```

（2）将在 Web 前端创建的 usersetting.html 和 login.html 页面存放在 WebContent/html 下，修改表单提交代码，验证表单的值并将数据保存在数据库中。

```
<script type="text/javascript">
    $(function() {
        if(! util.isLogin()) {
            window.location="login.html";
        }
        findShopCarCount();
        init();
    });
    function init() {
        $.postAjax("/user/getUserInfo.do", {}, function(json) {
            if (json.code) {
                return;
            }
            var theUserInfo=json.data || {};
            $("input:radio[value="+ theUserInfo.sex+ "]").attr('checked', 'true');
            $("#name").val(theUserInfo.username);
```

```
            $("#email").val(theUserInfo.mail);
            $("#phone").val(theUserInfo.phone);
            $("li[value="+ theUserInfo.role+ "]").attr('class', 'selected');
            $("#portrait").attr("src", theUserInfo.fullPortrait);
        }, function() {
        });
    }


    $("#sumbit").click(function() {
        var username= $.trim($("#name").val());
        var sex= $('input:radio:checked').val();
        var phone= $.trim($("#phone").val());
        var mail= $.trim($("#email").val());
        if(!validateUtil.validateEmpty(sex)) {
            asyncbox.tips("性别不能为空!", asyncbox.Level.error);
            return;
        }
        if(!validateUtil.validateEmpty(mail)) {
            asyncbox.tips("邮箱不能为空!", asyncbox.Level.error);
            return;
        }
        if(!validateUtil.validateEmpty(username)) {
            asyncbox.tips("姓名不能为空!", asyncbox.Level.error);
            return;
        }
        if(!validateUtil.validateMaxLength(username, 15)) {
            asyncbox.tips("姓名长度过长!", asyncbox.Level.error);
            return;
        }
        var data={
            sex : sex,
            mail : mail,
            phone : phone,
            username : username
        };
        $.postAjax("/user/uploadUser.do", data, function(json) {
            if (json.code) {
                asyncbox.tips(json.message, asyncbox.Level.error);
                return;
            }
            asyncbox.tips("保存成功", asyncbox.Level.success);
            init();
```

```
        }, function() {
            asyncbox.tips("网络连接错误!", asyncbox.Level.error);
        });
    });


    function findShopCarCount() {
        $.postAjax("/commodity/getTrolleyCount.do", {}, function(json) {
            if (json.code) {
                asyncbox.tips(json.message, asyncbox.Level.error);
                return;
            }
            var count=eval("("+ json.data+ ")")
            $(".shopping_car>span[class='tips2']").text(count);
        }, function() {
        });
    }
</script>
```

登录页面 login. html 中关键代码如下。

```
function submit() {
    var username= $.trim($("#username").val());
    var password= $.trim($("#password").val());
    if(! validateUtil.validateEmpty(username)) {
        asyncbox.tips("请输入账户名!", asyncbox.Level.error);
        return;
    }
    if(! validateUtil.validatePhone(username)) {
        asyncbox.tips("用户名格式错误!", asyncbox.Level.error);
        return;
    }
    if(! validateUtil.validateLength(username, 11, 11)) {
        asyncbox.tips("请输入正确的账户名!", asyncbox.Level.error);
        return;
    }
    if(! validateUtil.validateEmpty(password)) {
        asyncbox.tips("请输入密码!", asyncbox.Level.error);
        return;
    }
    var data={
        phone : username,
        passwd : password
    };
```

```
    $.postAjax("/user/remLogin.do", data, function(json) {
        if (json.code) {
            asyncbox:tips(json.message, asyncbox.Level.error);
            return;
        }
        if (json.code==99) {
            asyncbox.tips(json.message, asyncbox.Level.error);
            return;
        }
        window.location='index.html';
    }, function() {
        asyncbox.tips("网络连接错误", asyncbox.Level.error);
    });
}
```

（3）在 com. chinasofti. lexian. mall. user. vo 中创建 UserVo，LoginVo 和 ResisterVo，在 com. chinasofti. lexian. mall. user. Po 下创建 User 类。

（4）在 com. chinasofti. lexian. mall. user. controller 中创建 UserController 类，并添加/uploadUser. do 和/updatePassword. do 映射，具体实现代码如下。

```
package com.chinasofti.lexian.mall.user.controller;
import javax.servlet.http.HttpServletRequest;
…
@Controller
@RequestMapping("/user")
public class UserController extends BaseController {
    private UserService userService;
    @Autowired
    private VisitCounter visitCounter;
    @Autowired
    public void setUserService(UserService userService) {
        this.userService=userService;
    }
    // 更改用户信息
    @RequestMapping(value="/uploadUser.do")
    @ResponseBody
    public Object uploadUser(UserVouser,HttpServletRequestrequest, HttpServletResponseresponse) {
        try {
            ParamValidateUtil.validateMaxLength (user.getMail(), 50, UserConstant.invalid_arguments);
            ParamValidateUtil.validateEmail(user.getMail(), UserConstant.invalid_arguments);
```

```java
            ParamValidateUtil.validateMaxLength(user.getSex(), 5, UserConstant. in-
valid_arguments);
            ParamValidateUtil.validateMaxLength(user.getUsername(), 15, UserCon-
stant.invalid_arguments);
        } catch (ParamNotValidException e) {
            return new ResultHelper(e.getCode(), e.getMessage());
        }
        return userService.uploadUser(user,request, response);
    }


    // 修改密码
    @RequestMapping(value ="/updatePassword.do")
    @ResponseBody
    public Object updatePassword(Integer platformCode,StringoldPassword, String
password) {
        try {
            ParamValidateUtil.validatePositive(platformCode, UserConstant.
invalid_arguments);
            ParamValidateUtil.validateEmpty(oldPassword, UserConstant.
invalid_ arguments);
             ParamValidateUtil.validateEmpty(password, UserConstant.invalid_argu-
ments);
        } catch (ParamNotValidException e) {
            return new ResultHelper(e.getCode(), e.getMessage());
        }
        return userService.updatePassword(platformCode, oldPassword, password);
    }


    @RequestMapping("/findUserInfoById.do")
    @ResponseBody
    public Object findUserInfoById(String userId) {
        try {
            ParamValidateUtil.validateEmpty(userId, UserConstant.invalid_ar-
guments);
        } catch (ParamNotValidException e) {
            return new ResultHelper(Constant.failed_code, e.getMessage());
        }
        return userService.findUserInfoById(userId);
    }
}
```

（5）在 com. chinasofti. lexian. mall. user. dao 中创建 UserDao 接口，并添加 updateUser 实现方法，具体实现代码如下。

```
public int updateUser(User user);
```

（6）在 com. chinasofti. lexian. mall. user. dao. impl 中创建 UserDaoImpl 类，并添加 getUser 和 updateUser 实现方法，具体实现代码如下。

```
@Repository
public class UserDaoImpl extends BaseDao implements UserDao {
    @Override
    public int updateUser(User user) {
        return update("updateUser", user);
    }
```

（7）在 com. chinasofti. lexian. mall. user. service 中创建 UserService 接口，并添加 uploadUser 和 updatePassword 等实现方法，具体实现代码如下。

```
public ResultHelper uploadUser(UserVo user, HttpServletRequest request, HttpS-
ervletResponse registerVo);
    public ResultHelper resetPassword(ResetPasswordVo restpasswordVo, HttpServle-
tRequestrequest,HttpServletResponse response);
    public ResultHelper updatePassword(Integer platformCode, String oldPassword,
String password);
    public ResultHelper findUserInfoById(String userId);
```

（8）在 com. chinasofti. lexian. mall. user. service. impl 中创建 UserServiceImpl 类，并添加 uploadUser 和 updatePassword 等实现方法，具体实现代码如下。

```
@Service
@Transactional
public class UserServiceImpl extends BaseService implements UserService {
    private MessageSender messageSender;
    private UserDao userDao;
    @Autowired
    public void setMessageSender(MessageSender messageSender) {
        this.messageSender=messageSender;
    }
    @Autowired
    public void setUserDao(UserDao userDao) {
        this.userDao=userDao;
    }
    public UserDao getUserDao() {
        return userDao;
    }

    @Override
```

```java
public ResultHelper resetPassword (ResetPasswordVo resetPasswordVo, HttpS-
ervletRequest request,HttpServletResponse response) {
        User user=newUser();
        user.setPhone(resetPasswordVo.getPhone());
        User userInfo=userDao.getUser(user);
        if (userInfo==null) {
            return new ResultHelper (Constant.failed_code, UserConstant.user_not-
found);
        }
        ValidationCodePovalidationCodePo=newValidationCodePo();
        validationCodePo.setPlatformCode(resetPasswordVo.getPlatformCode());
        validationCodePo.setPhone(resetPasswordVo.getPhone());
        validationCodePo.setCode(resetPasswordVo.getCode());
        validationCodePo.setType(ValidateConstant.type_forgetpassword);
        if(!validateCodeDao.isExistValidateCode(validationCodePo))
            return new ResultHelper(Constant.failed_code, ValidateConstant.wrong_
code);

        validateCodeDao.expireValidateCode(validationCodePo);

        BeanUtils.copyProperties(userInfo, user);
        String passwd=resetPasswordVo.getPassWord();
        if (Integer.valueOf(Constant.app).equals(resetPasswordVo.getPlatformCode
())) {

            try {
                passwd=AES.decryptECB(resetPasswordVo.getPassWord(), cryptoKey);
            } catch (Exception exception) {
                return new ResultHelper(Constant.failed_code, UserConstant.error);
            }
        }
        user.setPasswd(SHA.instance.getEncryptResult(passwd));
        userDao.updateUser(user);
        logout(request, response);
        return new ResultHelper(Constant.success_code, UserConstant.success);
    }

    @Override
    publicResultHelperupdatePassword(Integer platformCode, String oldpassword,
String password) {
        User user=newUser();
        user.setId(getUser().getId());
        user.setPasswd(SHA.instance.getEncryptResult(oldpassword));
        User user1=userDao.getUser(user);
```

```
        if (null==user1)
            return new ResultHelper(Constant.failed_code, UserConstant.user_not-
found);
        if (Integer.valueOf(Constant.app).equals(platformCode)) {
            try {
                password=AES.decryptECB(password, cryptoKey);
            } catch (Exception e) {
                return new ResultHelper(Constant.failed_code, UserConstant.error);
            }
        }
        user.setPasswd(SHA.instance.getEncryptResult(password));
        userDao.updateUser(user);
        return new ResultHelper(Constant.success_code, UserConstant.success);
    }


    @Override
    public ResultHelperfindUserInfoById(String userId) {
        User user=newUser();
        user.setId(userId);
        User userInfo=userDao.getUser(user);
        userInfo.setPasswd(null);
        return new ResultHelper(Constant.success_code, UserConstant.success,
userInfo);
    }
```

运行步骤及结果如下。

单击【个人中心】后进入【个人信息】页面，输入正确的姓名、性别、邮箱和联系方式，单击【保存】按钮，然后提示"保存成功"，如图 3.40 所示。

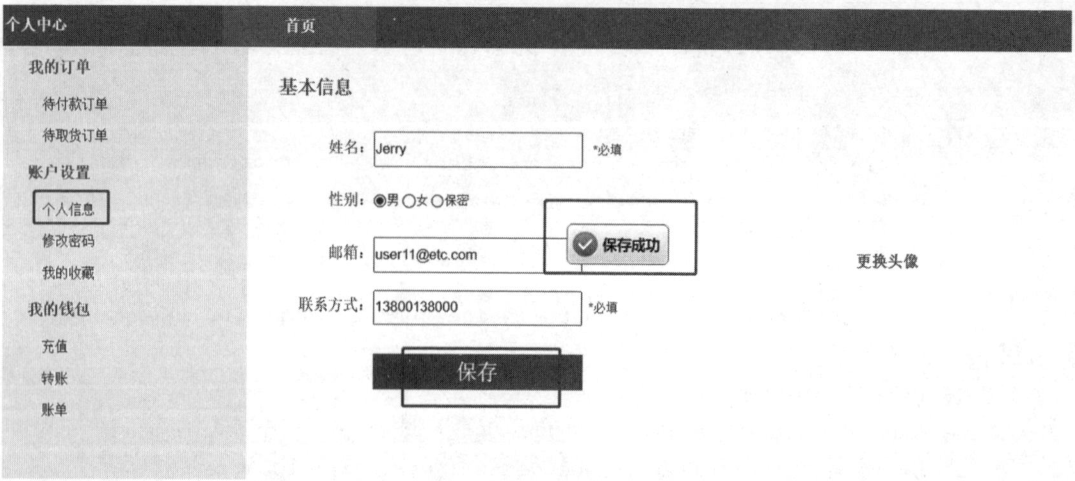

图 3.40　修改个人信息

▶ 课堂实践

思考：登录系统后，如何记录用户的个人信息？如果忘记密码又该如何操作呢？请同学们针对以上问题，设计实现过程。

任务 3.6 电子商务系统用户注册

▶ 教学任务

目标：掌握添加购物车操作和生成订单操作。

重点：掌握购物车数量更新，订单结算。

难点：Ajax 实现数据更新，动态 sql。

▶ 教学内容

■ 知识点 ■

掌握使用 JS 验证表单元素的值，掌握 MyBatis 开发 dao 的方式以及配置文件和映射文件的应用；掌握 SpringMVC 中常用处理器映射器、处理器适配器、控制器和注解开发。

子任务 3.6.1 加入购物车

■ 任务实施 ■

1. 功能说明

前台会员在浏览商品的时候可以将自己喜爱的商品加入购物车中，然后对购物车中的信息进行购买数量的修改、删除操作，也可以在购物车中进行结算购买，如图 3.41 所示。

图 3.41 购物车

2. 代码实现

（1）此操作使用数据库中的 commodity_store 和 trolley 表，进行插入、修改和删除操作，在 mappers 文件下添加 CommodityDaoImpl. xml 实现查询功能的 sql 语句。

```xml
<?xml version="1.0"encoding="UTF-8"?>
<mapper namespace="com.chinasofti.lexian.commodity.dao.impl.CommodityDaoImpl">
    <select id="shakeCommodity"resultType="String">
        select commodity_nocommodityNo from  commodity_store
        where store_no=#{storeNo} order by rand() limit 1
    </select>

    <delete id="deleteTrolley">
        delete from trolley where id in
        <foreachcollection="array"index="index"item="item"open="("
            separator=","close=")">
            #{item}
        </foreach>
    </delete>

    <select id="findAlltrolley"resultType="Cart">
        SELECT A.id AS trolleyId, A.commodity_id AS commodityId, A.commodity_no AS commodityNo,
        A.store_no AS storeNo, A.amont, A.listprice AS commodityPrice, A.totalprice,
        A.createtime, A.updatetime, B.name AS commodityName, B.introduce AS commodityintroduce,
        B.pictureurl AS commoditypicture, C.storeName
        FROM trolley AS A INNER JOIN commodity AS B ON A.commodity_no=B.commodity_no
         INNER JOIN store AS C ON A.store_no=C.store_no WHERE commodity_id=#{commodityId}
    </select>

    <!-- 查找指定 commodityid 的购物车项 -->
    <select id="selectTrolley"resultType="Cart">
        SELECt id AS trolleyId,commodity_id AS commodityId, amont
        FROM trolley WHERE commodity_id=#{commodityId}
        <if test="commodityNo! =null">
            AND commodity_no=#{commodityNo}
        </if>
        <if test="storeNo! =null">
            AND store_no=#{storeNo}
```

```
        </if>
    </select>

    <!-- 向购物车中添加一项 -->
    <insert id="saveCommomdityToTrolley">
        INSERT INTO trolley
    (commodity_id,amont,createtime,updatetime,listprice, totalprice,store_no,
commodity_no)
        VALUES(#{commodityId},#{amont},now(),now(), #{commodityPrice}, #{to-
talPrice},#{storeNo},#{commodityNo})
    </insert>
    <!-- 更新某个购物车项中的数据 -->
    <update id="updateTrolley">
        UPDATE trolley SET amont=#{amont}, totalprice=#{totalPrice}, updatetime=
now()
        WHERE commodity_no=#{commodityNo} AND store_no=#{storeNo}
    </update>
```

（2）将在 Web 前端创建的 cart. html 页面存放在 WebContent/html 下，并着重检查表单提交的地址。以下主要介绍了购物车各个操作的控制器地址。

```
// 查询购物车
$.postAjax("/commodity/findAlltrolley.do", data,
// 修改购物车
$.postAjax("/commodity/updateTrolleyCount.do", data
// 删除购物车
$.postAjax("/commodity/deleteTrolley.do",
```

（3）在 com. chinasofti. lexian. mall. commodity. po 中创建 Cart 类，主要实现代码如下。

```
package com.chinasofti.lexian.mall.commodity.po;
import java.sql.Timestamp;
public class Cart {
    private int trolleyId;
    private String userId;
    private int amont;
    private Timestamp createtime;
    private Timestamp updatetime;

    // 购物车状态 0 已删除 1 未删除 (撤销删除)
    private Integer states;
    private String commodityPicture;
    private double commodityPrice;
```

```
// 商品名称
private String commodityName;
private String commodityIntroduce;
private String storeNo;
private String storeName;
private String commodityNo;
private double totalPrice;
```

（4）在 com. chinasofti. lexian. mall. commodity. controller 中创建 CommodityController 类，并添加/saveCommomdityToTrolley. do、/findAlltrolley. do、/deleteTrolley. do 和/updateTrolleyCount. do 映射，具体实现代码如下。

```
package com.chinasofti.lexian.mall.commodity.controller;
import org.springframework.beans.factory.annotation.Autowired;
…


@Controller
@RequestMapping("/commodity")
public class CommodityController extends BaseController {
    private CommodityService commodityService;

    @Autowired
    public void setCommodityService(CommodityService commodityService) {
        this.commodityService=commodityService;
    }
    // 商品加入购物车
    @RequestMapping(value="/saveCommomdityToTrolley.do")
    @ResponseBody
    public Object saveCommomdityToTrolley(Cart cart) {
        try {
            ParamValidateUtil.validateEmpty(cart.getCommodityNo(), Commodity-
Constant.invalid_arguments);
    ParamValidateUtil.validateEmpty(cart.getStoreNo(),CommodityConstant.invalid_
arguments);
            ParamValidateUtil.validateNull(cart.getAmont(), CommodityCon-
stant.invalid_arguments);
        } catch (ParamNotValidException e) {
            return new ResultHelper(e.getCode(), e.getMessage());
        }
        return commodityService.saveCommomdityToTrolley(cart);
    }
```

```
// 更新购物车中的商品数量
@ RequestMapping(value="/updateTrolleyCount.do")
@ ResponseBody
public Object updateTrolleyCount(Cart cart) {
    cart.setUserId(getUser().getId());
    return commodityService.updateTrolleyCount(cart);
}

// 查找当前 User 下的所有购物车项
@ RequestMapping(value="/findAlltrolley.do")
@ ResponseBody
public Object findAlltrolley(Cart cart) {
    return commodityService.findTrolley(cart);
}
// 批量删除购物车中的商品
@ RequestMapping(value="/deleteTrolley.do")
@ ResponseBody
public Object deleteTrolley(String ids) {
    return commodityService.deleteTrolley(ids);
}

// 查找指定用户的购物车中的项数
@ RequestMapping("/getTrolleyCount.do")
@ ResponseBody
public Object getTrolleyCount(){
    return commodityService.getTrolleyCount();
}
}
```

（5）在 com. chinasofti. lexian. mall. commodity. dao 中创建 CommodityDao 接口，并添加 findTrolley、addTrolley、updateTrolley 和 deleteTrolley 等实现方法，具体实现代码如下。

```
public List<Cart>findTrolley(Cart cart);
public Integer addTrolley(Cart cart);
public void updateTrolley(Cart cart);
public void deleteTrolley(String...trolleyIds);
public Cart selectTrolley(Cart cart);
```

（6）在 com. chinasofti. lexian. mall. commodity. dao. impl 中创建 CommodityDaoImpl 类，并添加 findTrolley、addTrolley、updateTrolley 和 deleteTrolley 实现方法，具体实现代码如下。

```
@Repository
public class CommodityDaoImpl extends BaseDao implements CommodityDao {
    @Override
    public List<Cart>findTrolley(Cart trolley) {
        return selectList("findAlltrolley", trolley);
    }
    @Override
    public Integer addTrolley(Cart cart) {
        return insert("saveCommomdityToTrolley", cart);
    }
    @Override
    public void updateTrolley(Cart cart) {
        update("updateTrolley", cart);
    }
    @Override
    public void deleteTrolley(String...trolleyIds) {
        delete("deleteTrolley", trolleyIds);
    }
    @Override
    public Cart selectTrolley(Cart cart) {
        return selectOne("selectTrolley", cart);
    }
```

（7）在 com. chinasofti. lexian. mall. commodity. service 中创建 CommodityService 接口，并添加 findTrolley、saveCommomdityToTrolley、updateTrolleyCount 和 deleteTrolley 实现方法，具体实现代码如下。

```
public ResultHelper findTrolley(Cart cart);
public ResultHelper saveCommomdityToTrolley(Cart cart);
public ResultHelper updateTrolleyCount(Cart cart);
public ResultHelper deleteTrolley(String trolleyIds);
```

（8）在 com. chinasofti. lexian. mall. commodity. service. impl 中创建 CommodityServiceImp 类，并添加 findTrolley、saveCommomdityToTrolley、updateTrolleyCount 和 deleteTrolley 实现方法，具体实现代码如下。

```
@Service
@Transactional
public class CommodityServiceImpl extends BaseService implements CommodityService {
    private CommodityDao commodityDao;
    private String commodityPhysicalPath;
    private String commodityVirtualPath;
    private int thumbnailCount;
```

```java
@Override
public ResultHelper updateTrolleyCount(Cart cart) {
    CommodityPricePoprice=newCommodityPricePo();
    price.setStore_no(cart.getStoreNo());
    price.setCommodity_no(cart.getCommodityNo());
    price=commodityDao.getStorePrice(price);
    if (price==null) {
        return new ResultHelper(Constant.failed_code, CommodityConstant.
commodity_notfound);
    }

    double totalPrice=price.getCommodity_price() * cart.getAmont();
    cart.setTotalPrice(totalPrice);
    commodityDao.updateTrolley(cart);

    return new ResultHelper(Constant.success_code, CommodityConstant.success,
cart.getTotalPrice());
}

@Override
public ResultHelper deleteTrolley(String ids) {
    commodityDao.deleteTrolley(ids.split(","));
    return new ResultHelper(Constant.success_code,CommodityConstant.success);
}

// 加入购物车
@Override
public ResultHelper saveCommomdityToTrolley(Cart cart) {
    cart.setUserId(getUser().getId());
    // 获取商品价格信息
    CommodityPricePo price=newCommodityPricePo();
    price.setStore_no(cart.getStoreNo());
    price.setCommodity_no(cart.getCommodityNo());
    price=commodityDao.getStorePrice(price);
    if (price==null) {
        return new ResultHelper(Constant.failed_code, CommodityConstant.com-
modity_notfound);
    }
    // 根据 userId, commodityNo 和 storeNo 找到购物车中的对应项
    Cart cartInfo=commodityDao.selectTrolley(cart);
    if (cartInfo !=null) {   // 该购物项已存在,只需更新购物数量
        intamount=cart.getAmont()+ cartInfo.getAmont();
```

```
                cart.setCommodityPrice(price.getCommodity_price());
                cart.setAmont(amount);
                cart.setTotalPrice(amount* price.getCommodity_price());
                commodityDao.updateTrolley(cart);
            } else {                // 该购物项不存在,需添加新项
                cart.setCommodityPrice(price.getCommodity_price());
                cart.setTotalPrice(price.getCommodity_price() * cart.getAmont());
                commodityDao.addTrolley(cart);
            }
            return new ResultHelper(Constant.success_code,CommodityConstant.
success);
    }


    @Override
    public ResultHelper findTrolley(Cart cart) {
        cart.setUserId(getUser().getId());
        List<Cart>carts=commodityDao.findTrolley(cart);
        // 根据店铺进行分组
        Map<String, List<Cart>>map=new HashMap<String, List<Cart>>();
        for (final Cart c :carts) {
            String storeNo=c.getStoreNo();
            if(!map.containsKey(storeNo)) {
                map.put(storeNo, newArrayList<Cart>() {
                    {
                        add(c);
                    }
                });
            } else {
                map.get(storeNo).add(c);
            }
        }
        return new ResultHelper(Constant.success_code, CommodityConstant.
success, map);
    }
```

运行步骤及结果如下。

在门户页面中单击【我的购物车】进入【购物车】页面，显示出商品图片、商品介绍、数量、单价、总价，如图3.42所示。

图 3.42　购物车展示

　　在购物车列表页面中单击【商品】前的复选框，选择要删除的商品，或者单击全选，选择全部商品；单击列表上方的【删除】按钮，弹出"确认删除"提示框；单击【取消】按钮，取消操作，返回列表页面；单击【确定】按钮，进行删除操作，提示"删除成功"并返回列表页面，如图 3.43 所示。

图 3.43　多个商品删除页面

　　在购物车列表页面中单击操作列中的【删除】按钮，弹出"确认删除"提示框；单击【取消】按钮，取消操作，返回列表页面；单击【确定】按钮，进行删除操作，提示"删除成功"并返回列表页面，如图 3.44 所示。

图 3.44　单个商品删除页面

在购物车列表页面中单击数量列中的加减号，或者直接修改数量，如图 3.45 所示。

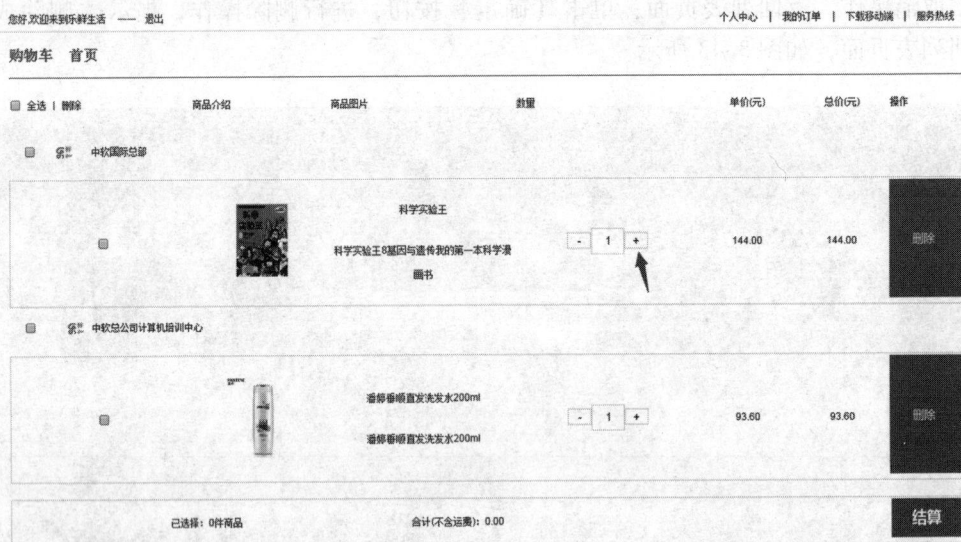

图 3.45　修改购买数量

在购物车列表页面中单击商品前的复选框，选择要购买的商品，或者单击【全选】前的复选框，选择全部商品；单击【结算】按钮，进入【结算】页面；确认订单信息后单击【提交订单】按钮，进入【支付】页面；选择【支付方式】，单击【立即支付】按钮，进入【支付验证】页面；输入支付密码（登录密码），单击【取消】按钮，取消付款，返回【支付】页面；单击【确定】按钮，进入【支付成功】页面，如图 3.46 所示。

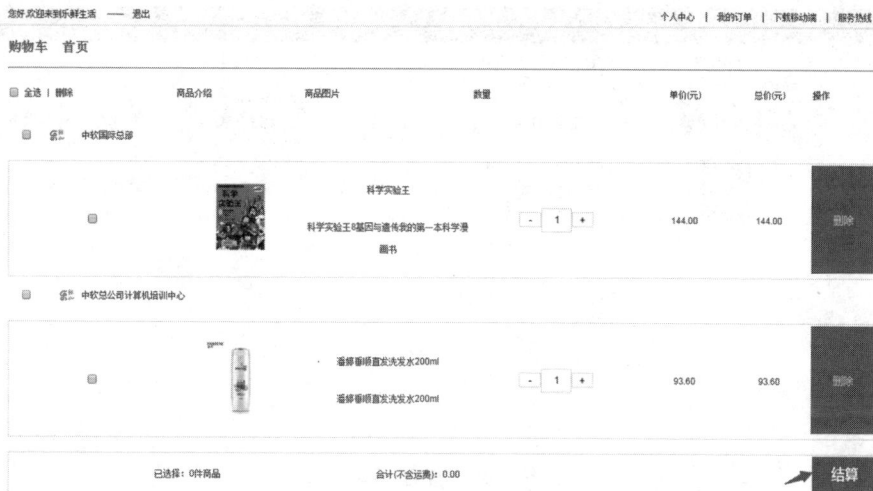

图 3.46 结算页面

子任务 3.6.2 生成并查询订单

1. 功能说明

选择了门店生成订单后,单击【结算】进入【确认订单】页面。请注意,对于不同门店的商品,必须生成不同的订单。因此,一次只能选中一个门店的商品生成订单(点击门店前的方形选框可以选择或取消选择该门店),如图 3.47 所示。

用户可以通过顶部导航栏的【我的订单】查询订单。在【所有订单】页面上,将会分页显示所有已付款、待付款、已签收的订单,如图 3.48 所示。

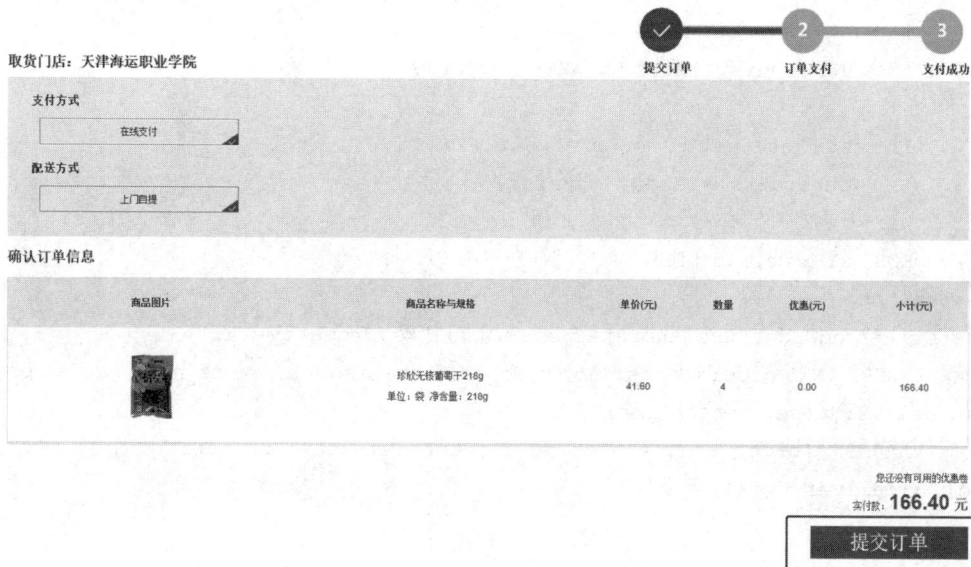

图 3.47 生成订单

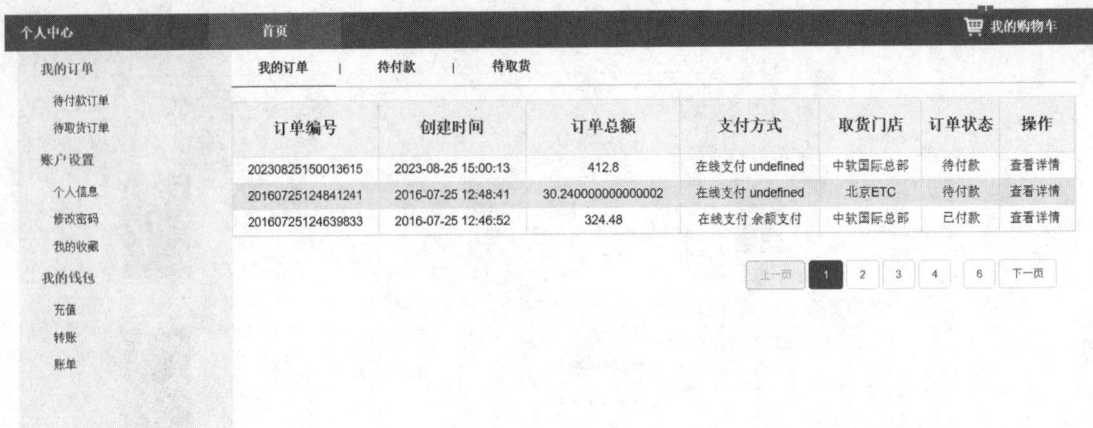

图 3.48　查看订单

2. 代码实现

（1）此操作使用数据库中的 order、orderitem 和 commodity 表，进行插入和查询操作，在 mappers 文件下添加 OrderDaoImpl. xml 实现查询功能的 sql 语句。

```xml
<?xml version="1.0"encoding="UTF-8"?>
<mapper namespace="com.chinasofti.lexian.order.dao.impl.OrderDaoImpl">
    <select id="findOrders"resultType="OrderPo">
      SELECT orders.id, order_no, user_id, totalamount, orders.store_no, store.
storename,
      orders.states, paymenttype,paymentsubtype, deliverytype, createtime
      FROM orders INNER JOIN store ON orders.store_no=store.store_no
      WHERE user_id=#{user_id}
      <if test="states==100">
          AND orders.states BETWEEN 2 AND 100
      </if>
      <if test="states! =0 and states&lt;100">
          AND orders.states=#{states}
      </if>
      ORDER BY orders.id DESC
    </select>
  <insert id="addOrder"useGeneratedKeys="true"keyProperty="id">
      INSERT INTO orders(order_no, user_id, totalamount, store_no, states, pay-
menttype, deliverytype, createtime)
      VALUES(#{order_no}, #{user_id}, #{totalamount}, #{store_no}, 1, #{pay-
menttype}, #{deliverytype}, now())
```

```xml
    </insert>
    <insert id="updateOrderPay">
        UPDATE orders SET paymentsubtype=#{paymentsubtype}, states=#{states}
        WHERE order_no=#{order_no}
    </insert>
    <insert id="updateOrderStates">
        UPDATE orders SET states=#{states}
        WHERE order_no=#{order_no}
    </insert>
    <insert id="addOrderItem">
        INSERT INTO orderitem(order_id, commodity_no, amount, listprice, total-
price)
        VALUES(#{order_id}, #{commodity_no}, #{amount}, #{listprice}, #{total-
price})
    </insert>
    <update id="updateStock">
        UPDATE commodity_store SET commodity_amont=commodity_amont-#{amount}
        WHERE commodity_no=#{commodity_no} AND store_no=#{store_no}
    </update>
```

（2）将在 Web 前端创建的 submitorders. html 和 orderinfo. html 页面存放在 WebContent/html 下，修改表单提交代码，验证表单的值并将数据保存在数据库中。具体实现代码如下。

```javascript
        <div class="submiting">
            <aclass="submit"href="javascript:payment()">提交订单</a>
        </div>
    function payment() {
        var paymentType= $("#payment > span").text();
        var deliveryType= $("#deliverytype> span").text();
        var t2=util.parseJSON(cache.getItem("trolleyId_"+ trolleyIds[0]));
        var data={
            paymentType :paymentType,
            deliveryType :deliveryType,
            trolleyIds :util.getParam("id"),
            totalAmount : t2.totalPrice,
            storeNo : t2.store
        };
        $.postAjax("/order/addOrder.do", data, function(json) {
            if (json.code) {
                asyncbox.tips(json.message, asyncbox.Level.error);
                return;
            }
            asyncbox.tips(json.message, asyncbox.Level.success);
```

```
            for( var index introlleyIds) {
                cache.removeItem("trolleyId_"+ trolleyIds[index]);
            }
            window.location="payorder.html? orderNo="+ json.data;
        });
    };
    </script>
</body>
</html>
```

订单页面 orderinfo. html 中关键代码如下。

```
<script type="text/javascript">
        var orderNo=util.getParams().orderNo;
        $("#orderNo").text(orderNo);
        $(function() {
            goodsInfo();
            findShopCarCount();
        });
        function goodsInfo() {
            $.postAjax("/order/findOrderInfo.do",
                {
                    orderNo :orderNo
                },
                function(json) {
                    if (json.code) {
                        asyncbox.tips(json.message,
                            asyncbox.Level.error);
                        return;
                    }
                    var order=json.data ||[];
                    var divs='<tr class="goods-detail"><td><imgsrc="?" width=
"20% " alt="" /></td>';
                    divs+='<td>? </td>';
                    divs+='<td>? </td>';
                    divs+='<td>? </td>';
                    divs+='<td>? </td></tr>';
                    $("#status").text(order.statesText);
                    $("#time").text(order.createTime);
                    $("#paymentType").text(order.paymentType+ "("+ order. pay-
mentSubtype+ ")");
                    $("#storeName").text(order.storeName);
```

192

```javascript
                    $("#oderInfo").empty();

                    order.orderItems.forEach(function(item){
                        $("#oderInfo")
                        .append(divs.format(
                            item.fullPictureUrl,
                            item.commodityName,
                            item.amount,
                            parseFloat(item.listPrice).toFixed(2),
                            parseFloat(item.totalPrice).toFixed(2))
                        );
                    });
                });
    }

    function findShopCarCount() {
        $.postAjax("/commodity/getTrolleyCount.do", {}, function(json) {
            if (json.code) {
                asyncbox.tips(json.message, asyncbox.Level.error);
                return;
            }
            var count=eval("("+ json.data+ ")")
            $(".shopping_car>span[class='tips2']").text(count);
        }, function() {
        });
    }
</script>
```

（3）在 com. chinasofti. lexian. mall. order. vo 中创建 OrderVo 和 OrderItemVo，代码如下。

```java
public class OrderVo extends PageHelper<OrderVo>!
    private int id;
    private String orderNo;
    private string userld;
    private double totalAmount;
    private String storeNo;
    private string paymentType,
    private String paymentSubtype;
    private string deliveryType;
    private int states;
    private Date createTime;
    private string storeName;
// 对应属性的 get 和 set 方法
```

```
public class OrderVo extends PageHelper<OrderVo>{
    private int id;
    private String orderNo;
    private String userId;
    private double totalAmount;
    private String storeNo;
    private String paymentType;
    private String paymentSubtype;
    private String deliveryType;
    private int states;
    private Date createTime;
    private String storeName;
// 对应属性的 get 和 set 方法
```

（4）在 com. chinasofti. lexian. mall. order. controller 中创建 OrderController 类，并添加/addOrder. do 和/ findOrder. do 等映射，具体实现代码如下。

```
package com.chinasofti.lexian.mall.order.controller;
import java.io.UnsupportedEncodingException;
…
@Controller
@RequestMapping("/order")
public class OrderController extends BaseController {
    private OrderService orderService;
    @Autowired
    public void setOrderService(OrderService orderService) {
        this.orderService=orderService;
    }
    // 创建新订单
    @RequestMapping("/addOrder.do")
    @ResponseBody
    public Object addOrder(OrderVo vo) {
        try {
            vo.setPaymentType(URLDecoder.decode(vo.getPaymentType(), "utf-8"));
            vo.setDeliveryType(URLDecoder.decode(vo.getDeliveryType(), "utf-8"));
        } catch (UnsupportedEncodingExceptione) {
            e.printStackTrace();
        }
        return orderService.addOrder(vo);
    }

    // 查看某个用户的所有订单列表
```

```
@RequestMapping("/findOrders.do")
@ResponseBody
public Object findOrders(OrderVo vo) {
    return orderService.findOrders(vo);
}

// 用钱包支付,并且修改订单付款状态
@RequestMapping("/updateOrderPay.do")
@ResponseBody
public Object updateOrderPay(WalletPayVo vo) {
    return orderService.updateOrderPay(vo);
}

// 修改订单付款状态
@RequestMapping("/completeOrder.do")
@ResponseBody
public Object completeOrder(String orderNo) {
    return orderService.completeOrder(orderNo);
}

// 返回单个订单详情
@RequestMapping("/findOrderInfo.do")
@ResponseBody
public Object findOrderInfo(String orderNo) {
    return orderService.findOrderInfo(orderNo);
}
}
```

（5）在 com. chinasofti. lexian. mall. order. dao 中创建 OrderDao 接口，并添加 addOrder、addOrderItem、updateOrderStates 等实现方法，具体实现代码如下。

```
void addOrder(OrderPo po);
void addOrderItem(OrderItemPo item);
void updateStock(OrderItemPo item);
List<OrderPo>findOrders(OrderPo po);
void updateOrderStates(OrderPo orderPo);
```

（6）在 com. chinasofti. lexian. mall. order. dao. impl 中创建 OrderDaoImpl 类，并添加 addOrder、addOrderItem、updateOrderStates 等实现方法，具体实现代码如下。

```
@Repository
public class OrderDaoImpl extends BaseDao implements OrderDao {
    @Override
    public void addOrder(OrderPo po) {
```

```
        insert("addOrder", po);
    }
    @Override
    public void addOrderItem(OrderItemPo item) {
        insert("addOrderItem", item);
    }
    @Override
    public void updateStock(OrderItemPo item) {
        update("updateStock", item);
    }
    @Override
    public List<OrderItemVo>findOrderItems(int orderId) {
        return selectList("findOrderItems", orderId);
    }
    @Override
    public void updateOrderStates(OrderPo orderPo) {
        update("updateOrderStates", orderPo);
    }
```

（7）在 com. chinasofti. lexian. mall. order. service 中创建 OrderService 接口，并添加 addOrder、updateOrderPay、findOrders 和 completeOrder 等实现方法，具体实现代码如下。

```
ResultHelper addOrder(OrderVo vo);
ResultHelper updateOrderPay(WalletPayVo vo);
ResultHelper findOrders(OrderVo vo);
ResultHelper findOrderInfo(String orderNo);
ResultHelper completeOrder(String orderNo);
```

（8）在 com. chinasofti. lexian. mall. order. service. impl 中创建 OrderServiceImpl 类，并添加 addOrder、updateOrderPay、findOrders 和 completeOrder 等实现方法，具体实现代码如下。

```
package com.chinasofti.lexian.mall.order.service.impl;
import java.util.ArrayList;
…
@Service
@Transactional
public class OrderServiceImpl extends BaseService implements OrderService {
    @Override
    public ResultHelper addOrder(OrderVo vo) {
        String[] ids=vo.getTrolleyIds().split(",");

        String orderNo=OrderNumberGenerator.generateOrderNo();
        String userId=getUser().getId();
```

```java
// 获取所有商品信息
List<OrderItemPo>items=orderDao.getItemsFromTrolley(ids);
double totalAmount=0.0;
for(OrderItemPo item : items){
    item.setStore_no(vo.getStoreNo());
    totalAmount+=item.getListprice() * item.getAmount();
}

// 写入 orders 表
OrderPo po=new OrderPo();
po.setOrder_no(orderNo);
po.setUser_id(userId);
po.setPaymenttype(vo.getPaymentType());
po.setDeliverytype(vo.getDeliveryType());
po.setStore_no(vo.getStoreNo());
po.setTotalamount(totalAmount);
orderDao.addOrder(po);
int orderId=po.getId();

// 写入 orderitem 表,并且更新商品库存
for(OrderItemPo item : items){
    item.setOrder_id(orderId);
    orderDao.addOrderItem(item);
    orderDao.updateStock(item);
}
// 删除 Trolley 中的购物项
commodityDao.deleteTrolley(ids);
 return new ResultHelper(Constant.success_code, OrderConstant.success, or-
derNo);
}


@Override
public ResultHelper updateOrderPay(WalletPayVo vo) {
    // 获取用户当前钱包中的余额
    String userId=getUser().getId();
    WalletPo wallet=walletDao.findWallet(userId);
    // 获取订单应支付金额
    OrderPo order=orderDao.findOrderSimple(vo.getOrderNo());
    // 检查余额是否足够
    if(wallet.getBalance() <=order.getTotalamount()){
        return new ResultHelper(Constant.failed_code, OrderConstant.payment_ou-
tofbalance);
```

```
        }
        // 执行付款操作
        OrderPo po=new OrderPo();
        po.setOrder_no(vo.getOrderNo());
        po.setStates(2);   // 2 代表已付款
        po.setPaymentsubtype("余额支付");
        orderDao.updateOrderPay(po);
        // 扣除余额
        wallet.setBalance(wallet.getBalance() - order.getTotalamount());
        wallet.setPassword(vo.getPassword());
        int result=walletDao.updateWallet(wallet);
        if(result != =1){   // 支付失败(因为密码错误)
            return new ResultHelper(Constant.failed_code, OrderConstant.
payment_invalidpassword);
        }
        // 添加钱包记录
        WalletRecordPorecord=newWalletRecordPo();
        record.setWallet_id(wallet.getId());
        record.setOrder_no(vo.getOrderNo());
        record.setType(4);              // 4 代表余额支付
        record.setResulttype(1);;       // 1 代表成功
        record.setAmount(order.getTotalamount());
        record.setDescription("使用钱包余额购物");
        walletDao.addWalletRecord(record);
        return new ResultHelper(Constant.success_code, OrderConstant. success);
    }

    @Override
    public ResultHelper findOrders(OrderVo vo) {
        String userId=getUser().getId();
        OrderPo po=new OrderPo();
        po.setUser_id(userId);
        po.setStates(vo.getStates());
        po.setPageSize(vo.getPageSize());
        po.setPageNo(vo.getPageNo());
        List<OrderPo>pos=orderDao.findOrders(po);
        List<OrderVo>vos=new ArrayList<OrderVo>();
        for(OrderPo p : pos){
            OrderVov=new OrderVo(p);
            vos.add(v);
        }
        return new ResultHelper(Constant.success_code, OrderConstant.success,
                vos, po.getTotalSize());
```

```
    }

    @Override
    public ResultHelper findOrderInfo(String orderNo) {
        String userId=getUser().getId();
        // 获取订单总体信息
        OrderPo orderPo=orderDao.findOrderSimple(orderNo);
        if(!orderPo.getUser_id().equals(userId)){
            return new ResultHelper(Constant.success_code, OrderConstant.order_
notfound);
        }
        OrderVo orderVo=newOrderVo(orderPo);
        // 获取订单项
        List<OrderItemVo>orderItems = orderDao.findOrderItems(orderPo.getId
());
        orderVo.setOrderItems(orderItems);
        return new ResultHelper(Constant.success_code, OrderConstant.success,
orderVo);
    }

    @Override
    public ResultHelpercompleteOrder(String orderNo) {
        String userId=getUser().getId();
        // 获取订单总体信息
        OrderPo orderPo=orderDao.findOrderSimple(orderNo);
        if(!orderPo.getUser_id().equals(userId)){
            return new ResultHelper(Constant.success_code, OrderConstant.order_
notfound);
        }
        orderPo.setStates(4);    // 代表已经完成的订单
        orderDao.updateOrderStates(orderPo);;
        return new ResultHelper(Constant.success_code, OrderConstant.success);
    }
}
```

运行结果如下。

选择了门店生成订单或者在购物车中，单击【结算】进入【确认订单】页面，然后就可以提交订单。目前系统只支持在线支付和上门自提。

单击【提交订单】，进入到【订单支付】页面，目前系统仅支持钱包余额支付。

单击【立即支付】，在弹出的对话框中输入支付密码（与登录密码相同），在正常情况下会出现提示"支付成功"。如果密码错误，或者余额不足，则会提示"支付失败"。具体运行结果如图 3.49 和图 3.50 所示。

全部商品 | 已删除商品

全选 | 删除	商品信息	单价(元)	数量	金额(元)	操作
☑	天津海运职业学院				
☑	珍欣无核葡萄干218g 单位: 袋 净含量: 218g	41.60	- 4 +	166.40	删除
☑	珍欣猴头菇(无锡)200g 容量: 200g 单位: 包	159.36	- 3 +	478.08	删除

已选择: 7件商品   合计(不含运费): 644.48   结算

图 3.49 结算页面

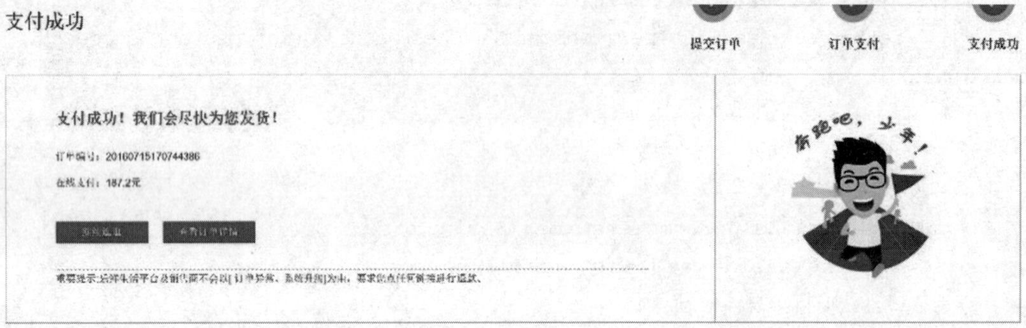

支付成功

提交订单   订单支付   支付成功

支付成功! 我们会尽快为您发货!

订单编号: 20160715170744386

在线支付: 187.2元

图 3.50 支付成功

▶ 课堂实践

思考: 订单提交后, 是否可以修改订单信息? 如果取消订单又该如何操作呢? 请同学们针对以上问题, 设计实现过程。

任务 3.7 网站商品显示

▶ 教学任务

目标: 掌握商品的显示调用和详细信息展示。

重点: 商品分类查询和模糊查询。

难点: 多表连接查询。

■ **知识点** ■

商品类别查询，模糊查询，多表连接。MyBatis 开发 dao 的方式；SpringMVC 中常用处理器映射器，处理器适配器，控制器和注解开发。

子任务 3.7.1　商品列表页显示

■ **任务实施** ■

1. 功能说明

用户进入网站后，单击任意一个三级类别，将进入到该类别的商品列表页；或者在搜索栏输入相应的商品，也会进入到对应商品类别的列表页面，如图 3.51 所示。

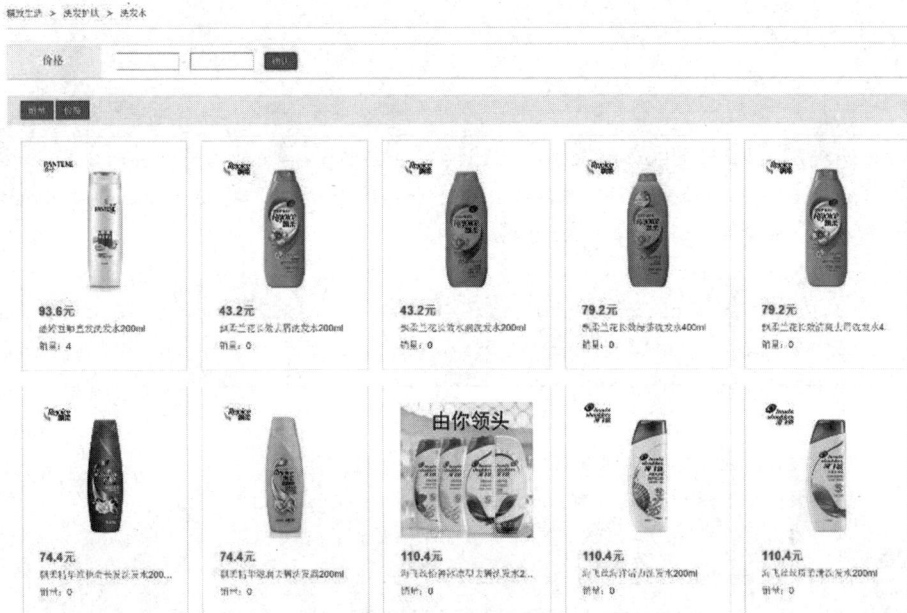

图 3.51　商品列表页

2. 代码实现

（1）此操作使用数据库中的 commodity_store 表，进行插入、修改和删除操作，在 mappers 文件下添加 CommodityDaoImpl. xml 实现查询功能的 sql 语句。具体实现代码如下。

```xml
<select id="searchCategoryCommodities"resultType="CategoryCommodityPo">
    select A.commodity_no, A.name as commodity_name, A.introduce, A. pictureurl,
    B.commodity_price, C.counts
    FROM commodity AS A
    INNER JOIN minpricecommodityview AS B ON A.commodity_no=B.commodity_no
```

```
            LEFT JOIN maxsalescommodityview AS C ON A.commodity_no=C.commodity_no
            WHERE A.states=1 AND A.category_id=#{categoryId}
            <if test="minPrice>0">
                AND B.commodity_price<![CDATA[>=]]> #{minPrice}
            </if>
            <if test="maxPrice>0">
                AND B.commodity_price<![CDATA[<=]]> #{maxPrice}
            </if>
            <if test="orderByPrice==true">
                ORDER BY B.commodity_price
            </if>
            <if test="orderBySales==true">
                ORDER BY C.counts
            </if>
            <if test="isDesc==true">
                DESC
            </if>
    </select>

    <select id="searchKeywordCommodities"resultType="CategoryCommodityPo">
        select A.commodity_no, A.name as commodity_name, A.introduce, A.pictureurl,
        B.commodity_price, C.counts
        FROM commodity AS A
        INNER JOIN minpricecommodityview AS B ON A.commodity_no=B.commodity_no
        LEFT JOIN maxsalescommodityview AS C ON A.commodity_no=C.commodity_no
        WHERE A.states=1 AND
        (
            A.name LIKE concat('% ',#{keyword},'% ')
            OR A.introduce LIKE concat('% ',#{keyword},'% ')
        )
        <if test="minPrice>0">
            AND B.commodity_price<![CDATA[>=]]> #{minPrice}
        </if>
        <if test="maxPrice>0">
            AND B.commodity_price<![CDATA[<=]]> #{maxPrice}
        </if>
        <if test="orderByPrice==true">
            ORDER BY B.commodity_price
        </if>
        <if test="orderBySales==true">
            ORDER BY C.counts
        </if>
```

```
        <if test="isDesc==true">
            DESC
        </if>
</select>


<!-- 获取指定编号商品的基本信息 -->
<select id="getCommodityInfo"resultType="CommodityPo">
    SELECT A.id, commodity_no, name, A.category_id, B.categoryname,
    introduce, detailed, pictureurl,
    createtime, updatetime, states
    FROM commodity A INNER JOIN category B
    ON A.category_id=B.id
    WHERE commodity_no=#{commodityNo}
</select>


<!-- 获取指定编号商品的价格范围 -->
<select id="getMinMaxPrice"resultType="CommodityPricePo">
    SELECT MIN(commodity_price) AS min_price, MAX(commodity_price) AS max_price
    FROM commodity_store WHERE commodity_no=#{commodityNo}
</select>


<!-- 获取指定编号商品的图片信息 -->
<select id="getCommodityPictures"resultType="CommodityPicturePo">
    SELECT id, commodity_no, picture_url FROM commodity_picture
    WHERE commodity_no=#{commodityNo}
</select>


<!-- 根据商品在店铺中的价格信息 -->
<select id="getStorePrice"resultType="CommodityPricePo">
    SELECT store_no, commodity_no, commodity_price, real_price, commodity_amont
    FROM commodity_store
    WHERE type=1 AND store_no=#{store_no} AND commodity_no=#{commodity_no}
</select>
```

其中 searchCategoryCommodities 是按照类别查询商品列表，searchKeywordCommodities 是按照关键字查询商品列表。

（2）在 WebContent/html 下创建 commoditylist. html（商品列表订单），核心代码如下。

```
$.postAjax("/commodity/searchCategoryCommodities.do",
$.postAjax("/commodity/searchCategoryCommodities.do", postData,
```

第一行代码表示按照类别查询商品列表模块，第二行代码表示按照关键字查询商品列表模块。

（3）在 com. chinasofti. lexian. mall. commodity. po 创建 CommodityPo、CommodityPricePo 和

CategoryCommodityPo 等类，主要实现代码如下。

```
package com.chinasofti.lexian.manager.order.po;
public class CommodityPo {
    private int id;
    private String commodity_no;
    private String name;
    private int category_id;
    private String introduce;
    private String detailed;
    private String pictureurl;
    private Timestamp createtime;
    private Timestamp updatetime;
    private int states;
    private String categoryname;
//对应 getset 方法
package com.chinasofti.lexian.manager.order.po;
public class CategoryCommodityPo {
    private String commodity_no;
    private String commodity_name;
    private String introduce;
    private String pictureurl;
    private double commodity_price;
    private int counts;
//对应 getset 方法
}
package com.chinasofti.lexian.mall.commodity.po;
public class CommodityPicturePo {
    private int id;
    private String commodity_no;
    private String picture_url;
//对应 getset 方法
}
```

（4）在 com.chinasofti.lexian.mall.commodity.controller 的 CommodityController 类，添加/saveCommomdityToTrolley.do、/findAlltrolley.do、/deleteTrolley.do 和/updateTrolleyCount.do 映射，具体实现代码如下。

```
@Controller
@RequestMapping("/commodity")
public class CommodityController extends BaseController {
    // 返回第三级类别下的所有商品信息列表
    @RequestMapping(value="/searchCategoryCommodities.do")
```

```
@ResponseBody
public Object searchCategoryCommodities(CategoryCommodityQueryVoqueryVo){
    return commodityService.searchCategoryCommodities(queryVo);
}
// 根据关键字检索商品,返回商品信息列表
@RequestMapping(value="/searchKeywordCommodities.do")
@ResponseBody
public Object searchKeywordCommodities(KeywordCommodityQueryVoqueryVo){
    return commodityService.searchKeywordCommodities(queryVo);
}
}
```

（5）在 com. chinasofti. lexian. mall. commodity. dao 中的 CommodityDao 接口添加 searchCategoryCommodities、searchKeywordCommodities 和 getCommodityPictures 等实现方法，具体实现代码如下。

```
public List < CategoryCommodityPo > searchCategoryCommodities (CategoryCommodityQueryVoqueryVo);
public List < CategoryCommodityPo > searchKeywordCommodities (KeywordCommodityQueryVoqueryVo);
public List<CommodityPicturePo>getCommodityPictures(String commodityNo);
```

（6）在 com. chinasofti. lexian. mall. commodity. dao. impl 中的 CommodityDaoImpl 类，添加 searchCategoryCommodities、searchKeywordCommodities 和 getCommodityPictures 等实现方法，具体实现代码如下。

```
@Repository
public class OrderDaoImpl extends BaseDao implements OrderDao{
    @Override
    public List<CategoryCommodityPo>searchCategoryCommodities(CategoryCommodityQueryVoqueryVo) {
        return selectList("searchCategoryCommodities", queryVo);
    }

    @Override
    public List<CategoryCommodityPo>searchKeywordCommodities(KeywordCommodityQueryVoqueryVo) {
        return selectList("searchKeywordCommodities", queryVo);
    }}
```

（7）在 com. chinasofti. lexian. mall. commodity. service 中的 CommodityService 接口，添加 searchCategoryCommodities、searchKeywordCommodities 实现方法，具体实现代码如下。

```
public ResultHelpersearchCategoryCommodities(CategoryCommodityQueryVo queryVo);
public ResultHelpersearchKeywordCommodities(KeywordCommodityQueryVo queryVo);
```

（8）在 com. chinasofti. lexian. mall. commodity. service. impl 中的 CommodityServiceImp 类添加 earchCategoryCommodities 和 searchKeywordCommodities 实现方法，具体实现代码如下。

```
@Service
@Transactional
public class CommodityServiceImpl extends BaseService implements CommodityService {
    @Override
    public ResultHelper searchCategoryCommodities (CategoryCommodityQueryVo
queryVo) {
        List<CategoryCommodityVo>vos=newArrayList<CategoryCommodityVo>();
        List<CategoryCommodityPo>pos=commodityDao.searchCategoryCommodities
(queryVo);
        for(CategoryCommodityPo po : pos){
            CategoryCommodityVo vo=newCategoryCommodityVo(po);
            vos.add(vo);
        }
        return new ResultHelper(Constant.success_code, CommodityConstant.success,
            vos, queryVo.getTotalSize());
    }


    @Override
    public ResultHelper searchKeywordCommodities(KeywordCommodityQueryVo queryVo) {
        List<CategoryCommodityVo>vos=new ArrayList<CategoryCommodityVo>();
        List<CategoryCommodityPo>pos=commodityDao.searchKeywordCommodities
(queryVo);
        for(CategoryCommodityPo po : pos){
            CategoryCommodityVo vo=newCategoryCommodityVo(po);
            vos.add(vo);
        }
        return new ResultHelper(Constant.success_code, CommodityConstant.success,
            vos, queryVo.getTotalSize());
    }
}
```

运行结果如下。

用户在搜索框中输入"茶"，根据关键字进行模糊查询，显示如图 3.52 所示的搜索结果。

图 3.52　根据关键字搜索结果

用户在选择三级分类（例如米）后，根据类别进行精准查询，显示如图 3.53 所示的搜索结果。

图 3.53　精准查询结果

▶ 课堂实践

在首页中展示秒杀商品和明星商品（如图 3.54 所示），如何设置和实现？

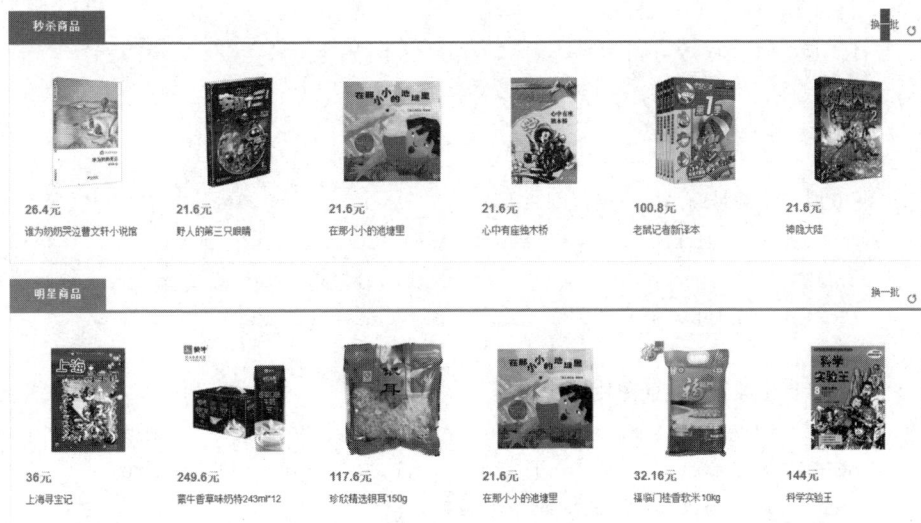

图 3.54　商品分区

子任务 3.7.2　商品详情页显示

■ 任务实施 ■

1. 功能说明

单击列表页中的【商品】，进入【商品详情】页面，如果想了解该商品是否有库存，则必须选择门店。请按照省（自治区、直辖市）、市、县（区）三级区划分别选择，如图 3.55 所示。

图 3.55　商品详情页面显示图

2. 代码实现

（1）此操作使用数据库中的 commodity_store 表，进行插入、修改和删除操作，在 mappers 文件下添加 CommodityDaoImpl.xml 实现查询功能的 sql 语句。

```xml
<!--获取指定编号商品的基本信息-->
<select id="getCommodityInfo"resultType="CommodityPo">
    SELECT A.id, commodity_no, name, A.category_id, B.categoryname,
    introduce, detailed, pictureurl,
    createtime, updatetime, states
    FROM commodity A INNER JOIN category B
    ON A.category_id=B.id
    WHERE commodity_no=#{commodityNo}
</select>
<!-- 获取指定编号商品的价格范围 -->
<select id="getMinMaxPrice"resultType="CommodityPricePo">
    SELECT MIN(commodity_price) AS min_price, MAX(commodity_price) AS max_price
    FROM commodity_store WHERE commodity_no=#{commodityNo}
</select>
<!-- 获取指定编号商品的图片信息 -->
<select id="getCommodityPictures"resultType="CommodityPicturePo">
    SELECT id, commodity_no, picture_url FROM commodity_picture
    WHERE commodity_no=#{commodityNo}
</select>
```

```
<!-- 根据商品在店铺中的价格信息 -->
<select id="getStorePrice"resultType="CommodityPricePo">
    SELECT store_no, commodity_no, commodity_price, real_price, commodity_amont
    FROM commodity_store
    WHERE type=1 AND store_no=#{store_no} AND commodity_no=#{commodity_no}
</select>
```

（2）在 WebContent/html 下创建 commodity. html（商品列表订单），核心代码如下。

```
// 获取商品基本信息
$.postAjax("/commodity/getCommodityInfo.do", {commodityNo : commodityNo},
```

（3）使用 com. chinasofti. lexian. mall. commodity. p 中 CommodityPo、CommodityPricePo 和 CategoryCommodityPo 等类。

（4）在 com. chinasofti. lexian. mall. commodity. controller 的 CommodityController 类，添加/ getCommodityInfo. do、/ getStorePrice. do 映射，具体实现代码如下。

```
// 获取指定商品编号的商品详细信息
@RequestMapping(value="/getCommodityInfo.do")
@ResponseBody
public Object getCommodityInfo(String commodityNo) {
    return commodityService.getCommodityInfo(commodityNo);
}


// 获取指定编号的商品在某个店铺中的价格
@RequestMapping(value="/getStorePrice.do")
@ResponseBody
public Object getStorePrice(String commodityNo, String storeNo) {
    return commodityService.getStorePrice(commodityNo, storeNo);
}
```

（5）在 com. chinasofti. lexian. mall. commodity. dao 中的 CommodityDao 接口添加 getCommodity 和 getStorePrice 等实现方法，具体实现代码如下。

```
public CommodityPogetCommodity(String commodityNo);
public CommodityPricePo getStorePrice(CommodityPricePo po);
```

（6）在 com. chinasofti. lexian. mall. commodity. dao. impl 中的 CommodityDaoImpl 类，添加 getCommodity 和 getStorePrice 等实现方法，具体实现代码如下。

```
@Repository
public class OrderDaoImpl extends BaseDao implements OrderDao{
    @Override
    public CommodityPo getCommodity(String commodityNo) {
        return selectOne("getCommodityInfo", commodityNo);
```

```
    }
    @Override
    public CommodityPricePo getStorePrice(CommodityPricePo po) {
        return selectOne("getStorePrice", po);
    }
}
```

（7）在 com. chinasofti. lexian. mall. commodity. service 中的 CommodityService 接口，添加 getCommodityInfo、getStorePrice 和 getCommodityDetail 实现方法，具体实现代码如下。

```
public ResultHelper getCommodityInfo(String commodityNo);
public ResultHelper getStorePrice(String commodityNo, String storeNo);
public ResultHelper getCommodityDetail(String commodityNo, String storeNo);
```

（8）在 com. chinasofti. lexian. mall. commodity. service. impl 中的 CommodityServiceImp 类添加 getCommodityInfo、getStorePrice 和 getCommodityDetail 的实现方法，具体实现代码如下。

```
@Service
@Transactional
public class CommodityServiceImpl extends BaseService implements CommodityService {

@Override
    public ResultHelper getCommodityInfo(String commodityNo) {
        CommodityPo commodity=commodityDao.getCommodity(commodityNo);
        List<CommodityPicturePo>picture=commodityDao.getCommodityPictures
(commodityNo);
        CommodityPricePo price=commodityDao.getMinMaxPrice(commodityNo);
        CommodityInfoVo cv=new CommodityInfoVo(commodity, picture, price);
        return new ResultHelper(Constant.success_code, CommodityConstant.success, cv);
    }
    @Override
    public ResultHelper getStorePrice(String commodityNo, String storeNo) {
        CommodityPricePo price=new CommodityPricePo();
        price.setCommodity_no(commodityNo);
        price.setStore_no(storeNo);
        CommodityPricePo result=commodityDao.getStorePrice(price);
        if(result==null){
            result=price;
        }
        return new ResultHelper(Constant.success_code, CommodityConstant.success, re-
sult);
    }
    @Override
    public ResultHelper getCommodityDetail(String commodityNo, String storeNo) {
```

```
CommodityPo commodity=commodityDao.getCommodity(commodityNo);
    List<CommodityPicturePo>pictures = commodityDao.getCommodityPictures
(commodityNo);
    CommodityPricePo price=new CommodityPricePo();
    price.setCommodity_no(commodityNo);
    price.setStore_no(storeNo);
    CommodityPricePocommodityPrice=commodityDao.getStorePrice(price);
    if(commodityPrice==null){
        commodityPrice=price;
    }
    CommodityDetaildetail = newCommodityDetail(commodity, pictures, com-
modityPrice);
    return new ResultHelper(Constant.success_code, CommodityConstant. success,
detail);
        }
```

运行结果如下。

该页面上列出了商品的价格范围，指的是该商品在不同门店中的最低价和最高价，如图 3.56 所示。

图 3.56 商品价格范围显示图

如果要获悉该商品在某个门店中的确切价格，以及要了解该商品是否有库存，则必须选择门店。请按照省（自治区、直辖市）、市、县（区）三级区划分别选择，最后选定门店，如图 3.57 所示。

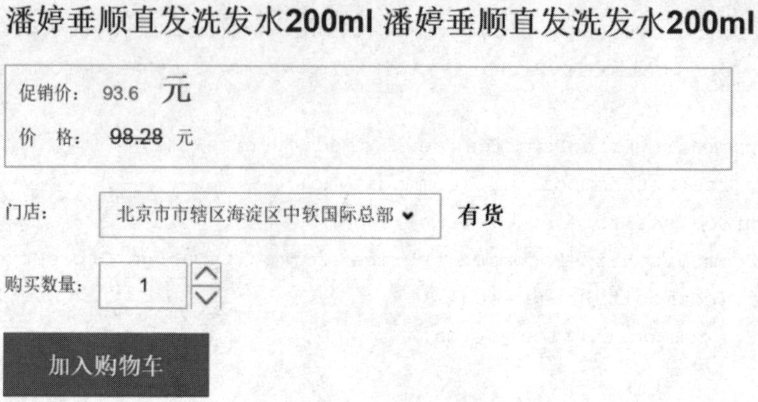

潘婷垂顺直发洗发水200ml 潘婷垂顺直发洗发水200ml

促销价:	93.6 **元**
价　格:	~~98.28~~ 元

门店: 　北京市市辖区海淀区中软国际总部 ∨　　**有货**

购买数量: 　1 ⌃⌄

加入购物车

图 3.57　有商品库存

▶ 课堂实践

　　根据商品详情页面的展示，完成商品详情页中门店选择操作，按照省（自治区、直辖市）、市、县（区）三级区划分别选择。